U0066625

AQUARIUS

AQUARIUS

AQUARIUS

AQUARIUS

Vision

一些人物，
一些視野，
一些觀點，
與一個全新的遠景！

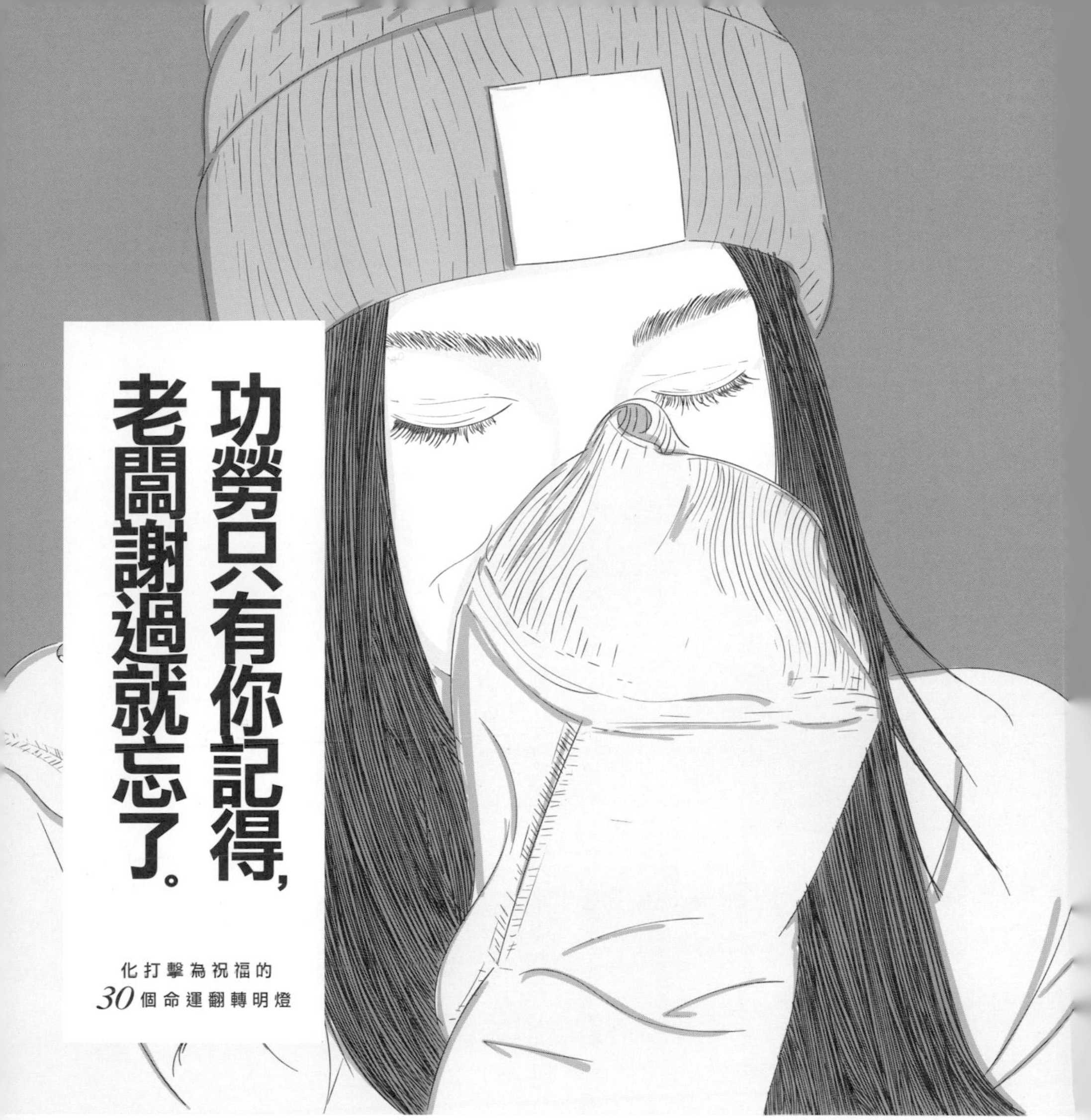

功勞只有你記得，老闆謝過就忘了。

化打擊為祝福的
30個命運翻轉明燈

黃大米

大米序／

走跳社會，越乖越吃虧。

「你在學校有多乖巧，你到社會就有多受挫！」這是我寫這本書的核心想法。

整本書記錄下那些我曾經奉為聖旨的標準，而我也因為死守標準吃了虧、上過當，在深夜哭泣，問天無語！

學校有錯嗎？沒有！學校教你的美德是「應然」，社會的競爭是「實然」——「應然」是道德的尺，「實然」是社會的潛規則。

學校、社會、職場是不同的生態體系。

在學校，你是付學費的學生，可以天真，可以無邪，可以盡情當自己。

但職場是老闆給你錢、付你薪水，你要適度地限縮自己，你是誰不重要，融入組織成

功勞只有你記得，
老闆謝過就忘了

為一分子、對組織有貢獻才重要。

把學校教的那一套，拿來用在職場上，你會常常痛哭以及痛苦，會常覺得人心險惡、社會不公，人人都是說謊精，同事皆是馬屁精。你心委屈了，你每天靠夭，卻無計可施。

而我曾經就是這樣的人，以白蓮花等級的道德標準，審視一切。

慢慢地，我了解到：世界不是黑與白，中間還有許多灰色地帶。當你了解到社會的運作規則時，你不見得要同流合汙，冷眼看待即可，也無須驚嚇到呼天搶地。

學校教育我們身而為人要互相幫忙，出社會幾年後，我了解到「沒有交情，就要交錢」；談錢最不會傷感情，不談錢會傷感情又傷心。而這些道理都是我出社會很久之後才懂的。

現在，我對社會的運作更明白了，覺得直接標價談錢，是最爽快的溝通，最無壓力的互助。

在書裡面，我想幫你重新定義一些詞句，例如：「公平」、「乖巧」、「嫉妒」、「實力」。

我用很多真實的故事談「公平」這件事，我想徹底讓你知道職場上的「公平」，跟你想的不一樣，甚至你也不見得希望「事事公平」。

當你能理解真實世界的「公平」，你才能在新的規則中，心平氣和地競爭，走出自己的康莊大道。

第二個要修正你的觀念是「乖巧」。我們從小都被教育只要「乖乖的」，就會被媽媽稱讚，受老師喜愛。但職場上，乖巧就會有飯吃嗎？賣乖就可以升遷嗎？聽話就可以安穩到退休嗎？當然不是！

老闆花錢請你來上班，是來幫忙解決問題與達成績效，這是他付錢給你的唯一理由。

還有兩個觀念是我想好好跟你談的，就是「對手」與「嫉妒」。

我有個朋友春嬌總是跟我說著志明的不是，從品德到能力，春嬌對他統統有意見。為什麼？也沒別的原因，就是那個人卡了春嬌想要的位子。

然而，有天春嬌高升了，她從此不再提起志明，他從春嬌口中消失了，在她眼中，志明不再讓人討厭和難耐。不是志明人品變好或變有能力，而是春嬌已經「超車」了，因此志明不再礙眼。如果我不小心再提起志明，春嬌也只會說，志明不重要。

功勞只有你記得，
老闆謝過就忘了

從每天罵他千百遍也不厭倦，到覺得不重要，關鍵點是什麼？就是志明不再是對手了。乞丐不會嫉妒富翁，因為富翁超越他太多，但乞丐會嫉妒別的乞丐多拿到一塊錢。

你嫉妒的對象，或者嫉妒你的對象，也反映出你目前的高度與社會階層。譬如：張惠妹就絕對不會嫉妒我啊！她只會覺得大米是什麼咖啊，是一種糧食的品種嗎？如果有一天，張惠妹會嫉妒我，我應該要去放鞭炮慶祝了吧，真是天大的榮幸。

當你成為別人的眼中釘、別人的心魔或者嫉妒的對象時，如何能四兩撥千金地面對攻擊你的人，是每個職場人必經的關卡。這本書能夠幫你增強打怪的功力，戳破你對世界不切實際的期待，讓你的玻璃心變得更耐摔。

記得在某次的簽書會上，一位特別從新竹北上的年輕讀者舉手提問：「為什麼你這麼堅毅地想當記者，拚命追夢？」我憑直覺率性地回答：「因為我無知！」

我讀到他表情裡的震撼。

我多想告訴他，「唯有不知天高地厚，才可能闖出一片天」、「唯有天真，才能在翻越險境時，笑逐顏開」。這是心情上的無知。

另外一個層面是「家庭背景造成的無知」。我爸媽是藍領階層，我不想複製階層、靠勞力賺錢。在我有限的職業圖像中，記者是拿筆寫字、用腦賺錢的工作，很符合我的期待。如果我的家庭背景更好、給我更多資源，我的眼界更開闊，我的選擇也會不一樣，我也許會想當個教授、創業的老闆、開畫廊、藝術品拍賣官等等。

我們所認知的才華、品味和視野，很多時候是靠錢堆疊出來的。當你還不具備很多厲害的才華時，無須自卑，你沒有比較差，你只是欠栽培——栽培自己是一輩子的事情，你不栽培自己，誰來栽培你。當你每多一項技能，就是讓自己有更多選擇權與新的可能，慢慢地走向別人口中「多才多藝」的境界。

請記住：

你就是你自己的貴人。
你就是你自己的金湯匙。
你可以給自己幸福，也可以給自己未來。
唯有你自己可以決定你的生命。

功勞只有你記得，
老闆謝過就忘了

人生常常都是，無心插柳柳橙汁。

功勞只有你記得，
老闆謝過就忘了

目錄

功勞只有你記得，
老闆謝過就忘了

功勞只有你記得，
老闆謝過就忘了

人生沒有過不了的火焰山

1 上下翻轉

你有過這樣的經驗嗎？當你沉迷於滑手機，突然抬頭，會對真實的景物瞬間感到陌生，大腦必須再運作一下，你才能對周邊的景物「連戲」。人的感覺是很好被騙走的，當你注視什麼，你的感覺就是什麼，甚至把虛擬當真實，把真實當虛擬。

假如你現在有過不去的關卡，請想想這關卡是真實存在，還是因為你的注視變得在乎與真實。如果你能清楚知道，任何難關與難過，有天都會過去，可否給自己打氣一下說：「沒事，都會過去的，沒事。」

時間是你的好朋友，它會讓你走過很多不舒服。眼前的煩惱，明年其實你也想不起。人生很真實，也很虛幻，你注視什麼，你就感受到什麼。當你的目光移動，一如從手機移開，看到的世界也就不同了。

人生的難，往往不是別人困住你什麼，而是你的在乎與執著。萬事萬物都會過去，沒有過不了的火焰山。

其實你想要的不是公平，而是特權。

朋友任職於大公司。

有天，她看到我正專注查書籍暢銷榜的名次，走過來悻悻然地說：「別看了，你不管多拚，書都賣不過大企業家與大老闆們。」

「什麼意思？跟企業家有什麼關係？」我頭上都是問號，摸不清、猜不透話裡的玄機。

「我們董事長不是出書了嗎？」

對耶！她公司董事長的書，最近在排行榜上穩坐前幾名。

「所以呢？」我聞到一點玄機，雲霧中有點光，卻還看不出具體輪廓。

「董事長出書後，有一天，祕書和公關主管從十二樓開始往下走，手上拿著董事長的新書跟購買登記本，甜美地歡迎大家認購。所有主管都很識相，當作交保護費，內心怎樣想的不知道，倒是個個神情喜孜孜地爭相購買書籍，買個十本、二十本保平安是基本。有主管還私底下說，這是在點『職場光明燈』，有買有保佑。董事長很貼心，要主管們統統不用先付錢，寫下員工編號即可，帳款從薪水扣。」

我聽了，內心非常讚嘆。

更令我開眼界的在後頭。

祕書在確定大家認購的數量後，上網買書，讓老闆的書穩坐暢銷榜第一名。有時候買太多，網站甚至會出現「售完」的訊息，古人的「洛陽紙貴」在現代有了新的詮釋。

我對此感到憤憤不平，對著資深的媒體前輩抱怨，「怎麼可以這樣！超不公平的。」

前輩悠悠地說：「**這也是一種實力，不是嗎？**」

這句話讓我情緒降溫，仔細想想，還頗有道理。

我吞下滿腔的憤慨，回說：「也是。」

功勞只有你記得，
老闆謝過就忘了

事實上，每個人擁有的社會資源和資本從來不同。所謂「公平」的遊戲規則，出社會之後，往往是個人的主觀界定，而不見得是大家的共識。

「如果別人不按你的規矩玩，就是不公平」，這樣的想法也是一種武斷。

假如問你：你覺得這世界公平嗎？

我想你的答案應是：「不！很多事情都不公平。」

下一個問題，請問：你常常因為「不公平」而生氣嗎？

如果你明明已經知道世界上大部分事情都不公平，那為什麼你還會因為不公平而生氣呢？

而且，**你真的那麼期待被公平對待嗎？**

在職場上，最常見到很多人哀怨地說：「這樣很不公平！主管怎麼可以這樣？」

事實上，**職場是一個你用勞務、精神換取金錢的地方，沒有哪家公司會在你面試時跟你強調，「我們會公平地對待所有員工。」**

也因為不公平、視情況、視資歷而定，薪水才會成為不能說的祕密。薪水像是一個潘朵拉的盒子，揭曉後，人人心中都會覺得不公平。大部分的人總會覺得自己付出多了，卻拿少了。

職場的本質，本來就不是在求公平。坦白說，我也不覺得你那麼想要被「公平對待」。

試想：當你被主管偏愛，拿到更多的資源與福利時，你會對主管這麼說嗎？「不！這些資源和位子萬萬別給我，因為我覺得不公平！」

正常來說，你會喜孜孜地收下這些恩寵，回家跟親人或者好友說：「這些都是公司特別給我的！不是人人都有，公司很重視我。」

甚至你會因為得到這些偏愛，上班上得更起勁；也會因為失去這些偏愛，憤而離職。

所以，你在職場上真正想追求的從來不是公平。

你想要的是被重視、被偏愛的「特權」。

如果在職場上不被偏愛，你也就無法升遷、加薪，就算當主管也不威風。

在職場上，你要的從來不是公平，那是你在得不到資源時，用來哇哇叫的口號和旗幟，用以鞭打得到特權的人，更慘的是，也鞭打不到。

弱者才求公平。強者求特權。

越高階的上班族，享有的特權越多。例如：公司裡面總有人不用打卡，或者每天只要刷一次卡，這就是特權。而越是低階的員工，越要照規矩來。

功勞只有你記得，
老闆謝過就忘了

高階職務者往往在面談時，處處積極爭取自己的特權。

以前有一個王牌主播，在面試時要求年薪三百萬、一年只上班十一個月和每年享有一個月的長假，電視台主管看在她是高收視的保證，二話不說，爽快答應。這種高大上的福利不是人人有，但人人都想要有。

如果職場上沒有「特權」這種東西，升遷也就變得乏味。誰想要升官後，過著跟以前一樣的日子，領著大鍋飯的薪水。

得到特權的人往往低調，默默享受著特權，但是等到有天他拿少了，就跳出來大喊要公平。由此看出，會高喊要公平的人，都是拿不到糖果的孩子。

四處抗議不公平，你的人生不會因此更好過。花點心力，去思考如何成為嘴巴、手裡滿是糖果、得到寵愛的人，這才是積極。

靠自己的努力過更好日子的人不是愛慕虛榮，而是有上進心。

我在高中時，第一次了解到把自己變強、當上紅牌、擁有特權有多重要。

當時，我和班花沒事在閒聊，我問她：「如果你被賣到火坑，不得已需要下海，你要怎麼辦呢？」

班花很冷靜、堅定地說：「我一定要當紅牌！」

大米：「什麼?!你不逃跑嗎？」

班花：「傻了嗎？逃跑的成功機率很低，被抓回去還會被打。我只要當上紅牌，就可以有很多自由和特殊待遇。我一定要當紅牌。」

我被她霸氣外露的氣魄震撼到睜大眼睛。

後來我才發現，努力當紅牌的骨氣在職場上也受用。**無論在各種領域與職場，「要當上紅牌」是種志氣。**

當你踏入社會工作後，如果只想要當個普通的上班族，你的日子就會比較辛苦。但如果堅定要當公司的紅牌，你就會積極努力，因為紅牌可以享有很多很多特權，這是黑牌上班族無法體會的爽。黑牌上班族過的日子往往很黑白。

很多時候我們覺得這世界太勢利眼，讓人不舒服，但勢利眼就是人性的一部分。

誰都想和有資源的人靠攏或者當朋友。當你能心平靜氣地承認「勢利眼是人性」，就表示你願意積極提升，讓自己強大，而當你強大時，公司就會願意幫你開特例。

你只要有實力，規矩可以為了你量身訂做。給你配車、配房，都是攏絡你的基本規格。

功勞只有你記得，
老闆謝過就忘了

我過去在電視產業工作，這一行是個特別殘酷、特別勢利眼的地方。收視率高的主持人，要什麼有什麼；收視率低的主持人，從外表到聲音都會被嫌棄：「她老了」、「過氣了」、「誰想看她那一套啊」，工作人員私下的議論比針還扎心。雪中送冰塊，讓你從裡到外都寒心。

記得我大學畢業後沒幾年，在政論節目當工作人員。當時，全台政論節目正風風火火，連台語的政論節目都有。

我們的節目收視率不差，但隔壁團隊的節目收視率全國第一，是電視台的台柱與廣告主的最愛。「收視率不差」的與「全國第一」的節目，所有的待遇規格都有差別：他們的來賓費一集一萬，我們是三千元，他們招待來賓吃頂級餐點，我們只給得起白開水。

別說公司的差別待遇了，連來賓都大小眼得很。有次，某立委答應來我們這邊上節目，卻臨時說：「有事，不能來。」推掉了我們的節目。錄影當天，竟看到他神色自若地走過我們的工作區域，去參加隔壁節目的錄影。我們能說什麼嗎？大家也只敢背後說好過分。

可是，換個角度，站在立委的立場想想：他花同樣的時間，去收視率第一的節目錄影，拿的來賓費多、曝光率高。如果他守信用來參加我們的錄影，對他來說太不划算了。

人世間的交情，往往抵不過現實。

無論是節目團隊、公司或者個人，只要夠強，都會覺得這世界特別美好，人人都對你和和氣氣，人人爭相跟你合作，所有的規矩都替你量身訂做。

當你變強了，你會發現討好你的人變多了，讓你煩心的事情變少了。

當你發現別人還會說你酸話，不把你的意見當意見，不要怪別人啊，是你太弱了，弱到別人覺得踩你幾腳都不會有事的。

無論你是做什麼工作，記得努力讓自己變成「職場紅牌」。紅牌過的日子是彩色的，且會讓你讚嘆：「活著真好！」

阿米托福

當別人打壓你時，不要怪別人。你要恨自己不夠強大到讓人來巴結。

唯有前進，才能看到光。

功勞只有你記得，

老闆謝過就忘了

讓自己活在被命運眷顧的一邊，是一種努力與實力。

凱文經理是公司的資深員工，員工編號〇〇七是最好的證明。他常這樣自我介紹：「我是〇〇七，〇〇七是我，有什麼艱難的任務，派我出馬就搞定。」

每當他這樣說時，同部門的人翻白眼的翻白眼、低頭的低頭，唯一會禮貌微笑的，就只有初來乍到、不知內情的客戶。

凱文經理是怎麼爬上「經理」這個位子的？答案是公司老鳥對菜鳥說不膩的八卦，一代傳一代，成為口耳相傳的，「不是祕密的祕密」。

流言傳來傳去，說不停，從來沒平息，凱文經理純真如往昔。

有人說：凱文經理的爸爸是公司的董事。有人說：凱文經理的媽媽和董娘是好朋友。

投胎對了，阿斗也能登基。

凱文經理的工作能力數十年如一日，毫無進步，經理的位子卻坐得很穩。他說了一嘴的好管理，從來不曾上場展現實力。每當有任務來臨，他總讓屬下上戰場，萬一出包了，都怪給屬下就可以，所以他的部門流動率奇高。

沒有實力的凱文經理要怎麼鎮住屬下？

太簡單了！

每當屬下在工作上有疑問，凱文經理總有固定的招數可以輪流派上用場。

第一招：用羞辱打擊信心

當屬下A來問問題，凱文經理：「這個你不會？這不是很基本的嗎？這還要我教你？教你的時間，我自己都可以做好了，那我找你來幹麼？」

功勞只有你記得，
老闆謝過就忘了

第二招：書中自有黃金屋

當屬下B來問問題，凱文經理：

「『怎麼行銷？』你不懂行銷？嘖嘖，這三本書你拿去看一看，不要什麼事情都來問我。我每天事情那麼多，哪有空？」

「你要多看書，看書才會進步。要自己去想辦法。這裡不是學校，我也不是你的老師，我以前也都自己學、自己想辦法。」

第三招：「硬碟是你最好的老師」

凱文經理：「你不知道要怎樣舉辦這次的招募活動？這些活動在過去我們都做過了，都有紀錄。打開電腦的D槽，有個公共檔案，自己去看一看，你就會了。」

我曾經問過凱文經理的屬下為何要離職。他低著頭，哀怨地說：「我不想要自己出社會後，一直都在跟著D槽學習，這樣真的很低潮、很丟臉，也學不到什麼。」

職場上越是光怪陸離又哀傷的事情，只要不是發生在自己的身上，都滿好笑的。

把鏡頭再轉回凱文經理一下。

每到下午三點，寧靜的辦公室常常傳來凱文經理的打呼聲。他睡熟了，高高的隔板擋得住身影，卻藏不住打呼聲。打呼聲的音量越大，同事們在LINE上的討論越熱烈：

「你聽到沒？」

「有啊！他打呼超大聲。」

「整天沒幹麼也會累？」

「裝忙也是會累的。」

「我看他電腦從早上就開著EXCEL表，到下午都沒變過。」

「哈哈哈哈，昨天也是這個頁面喔！」

「好羨慕上班睡覺也可以有錢。」

「拜託，人家的爸爸是董事，你爸爸是誰？你真是不懂事！」

功勞只有你記得，
老闆謝過就忘了

在職場上，所謂的「實力」是很多元的。如果你認為實力就單指「努力」與「能力」，你一定會常常覺得委屈與生悶氣。

人生而不平等，每個人一出生，天賦、健康狀況、外貌都不同。**人生這個戰場，注定是一場不公平的競爭。**

有兩件大家檯面上不太承認、卻影響巨大的「實力」，我想在這邊告訴你。

一、投胎

「不要讓孩子輸在起跑點」，這是許多父母常說的話。這句話中的起跑點，可能是幼稚園，可能是小學。

但這些望子成龍、望女成鳳的父母可能沒想到，從投胎成為受精卵的那一刻，這孩子就站上了命運的轉盤。運氣差的從呱呱落地就輸人千里之外，受老天爺眷顧的孩子，含著鑽石湯匙一出生就在龍門。

為什麼社會階層這樣難翻轉？因為階層的競賽往往不只在這一代，甚至可能是好幾代，

讓自己活在被命運眷顧的一邊，是一種努力與實力。

也因此，我們常常聽到「醫生世家」、「書香世家」、「家中五代皆台大」。

我常認為「投胎」這件事情，你要把它當作是一種實力，這樣會讓想著自己投錯胎的你心情好些。不然你每天罵主管是靠爸、靠關係，主管也不可能因此和他爸爸斷絕關係啊！所以務實點，**把投胎當實力的一種，你會好過一點**，至少你可以怪自己當初投胎不努力，如今只好從基層幹起。

二、外表

「人正真好，人醜吃草」、「人帥是搭訕，人醜是性騷擾」，這些在網路上瘋狂流傳的句子，你可能都聽過，而這些話之所以可以廣為流傳，往往也代表大家有著一定程度的認同。

在求學階段，老師們都會期許學生努力經營大腦，甚至認為追求外表的好看是很膚淺的。可是等你出社會後會發現，外表好，在職場、情場上都很吃香，沒有好的外表，大家對你的內涵可能也就不太感興趣。每個人的外表生而不平等。

漂亮或帥氣的臉，往往就是聚寶盆與印鈔機。很多年收入破千萬的電影明星，說穿了，就是長了一張好看的臉。

功勞只有你記得，
老闆謝過就忘了

既然外表是門面，因此我們靠化妝、衣服去補強，許多美妝YouTuber有很多粉絲追隨，因為這些粉絲想要變得更好看。

但很有趣的是，大部分的人不會認為妝化得好是在創造不公平的競爭，甚至會佩服這些人的高超化妝技術；而同樣是使容貌變漂亮的「整型」，很多人就無法接受，覺得那是在外貌上「作弊」，是用不公平的方法，讓自己從不被重視、撈不到好處的醜女，晉升到享受特殊對待的美女。這樣的人真是太可惡了！不值得推崇與跟隨！

整型與化妝，不都是在讓自己變更好看嗎？為什麼你的感受差這麼多？是不是因為你不敢整型，所以就討厭別人透過這個比較勇敢的方式拿到好處呢？

你的批評，是否只反映出你的嫉妒與軟弱呢？

同樣是整型，如果一個顏面燙傷或者遭遇過車禍的人，透過外科手術修整自己的外表，走出陰霾，活出新的自我，這時候你還會批評她整型不對嗎？

所以，你反對整型，是否因為你討厭別人在容貌上「作弊」超越你，討厭那些「作弊」後的精緻容顏，拿盡許多你想拿的好處。而整型後沒有超越你的，比如受傷後的容貌修整，你就可以接受，甚至覺得那樣的人生故事充滿光明與勵志，值得讓你在臉書上轉傳與歌頌。

所以，你不是討厭整型這件事，你討厭的是「被超越」。

媒體上常常有這類型題材的報導：外表不怎麼樣的土豪哥、肥仔政客或是老當益壯的企業家，挑女友或者媳婦時總愛找漂亮的，被網友嘲諷為「洗基因」。

外表的不平等可以靠財力翻轉，如果你的爸爸或者媽媽某一方有錢，挑選的對象也可能會長得好看點，而生為後代的你，則跟著長得不會差。

外表生而不公平，而這不公平牽扯的原因太多，因此，如果你能在後天想辦法讓自己的外貌變好看，我會認為你很上進、很努力。

我曾有位同事一心想當主播，在主播徵選試鏡落榜後，她去敲了主管的門，直接表明內心的渴望，問：「經理，我超想當主播。我覺得我的口條和播報都不錯啊！為什麼我落選了？你覺得我哪邊不ＯＫ？可以跟我說嗎？」

新聞部經理看著她，直白地說：「你的臉太大了，鏡頭上不好看。你去整型或者做做醫美，想點辦法，我就讓你播播看。」

功勞只有你記得，
老闆謝過就忘了

面對外表被這樣嚴厲地批評，你可能會回家痛哭，或者背後罵著檯面上的主播的臉也都像肉餅、滿月一樣大，為什麼就可以播。

無論是回家關門哭，或者罵別人憑什麼，都不會讓自己變得更好，只會顯得自己心胸狹小與沒用。

有志氣和有企圖心的人不會把問題用情緒解決，他們採取目標管理，思考策略。

一心想當主播的同事聽完經理的建議後，找了家醫美診所，做了些努力。後來，經理也依照承諾，讓她在假日的冷門時段播報新聞。

播報當天，經理看著電視說：「她現在這樣挺上相的。好啦，就讓她播。」

同事圓了主播夢，資歷上多了個「主播」的頭銜。這項風光的資歷，她可以一輩子帶著走。**讓自己活在被命運眷顧的一邊，是一種努力與實力。**

如果你是一個在乎內涵的人，我也想請問你：

「才華」這東西是公平的嗎？

是老天爺給的嗎？

讓自己活在被命運眷顧的一邊，是一種努力與實力。

還是越有錢的家庭，小孩越容易有才華呢？

才華會不會也只是用錢堆疊出來的成果？

不要一天到晚抱怨不公平。你必須接受「不公平」是人生的常態，才能心平氣和地去努力，爭取到更公平的對待。

在人的一生中，我認為唯一公平的就是，我們每個人每天都有二十四小時，怎樣運用，決定你今生的命運與牽動你下一代的未來。

阿米托福

所有的打擊都是祝福！

如果你只會在角落哭，那就是打擊。

如果你說「老娘／老子做給你看」，那就是祝福。

功勞只有你記得，

老闆謝過就忘了

面子是世界上最不值錢的東西。

「我想要當這次記者會的主持人，但公司想找外面的主持人，你覺得我該去爭取嗎？」我的LINE視窗彈跳出小桃的訊息。口氣是詢問，但我明白她只是想找人推她一把，增加她爭取的動力。

「為什麼想要？」我非常不解，職場上不是多一事不如少一事嗎？多做多錯，何必把事情都往身上攬。

「我想要被看見，我想要證明我可以，那是一種成就的解鎖……」

LINE上的字如噴泉不斷在訊息框上湧出，快速繁衍增生，頗有和平、奮鬥、救中國的革命氣勢，就算我暫時離座三分鐘，小桃應該也還沒把自己的理念打完。這樣的興致勃勃，該說是熱情不滅？還是執念太深？

幾天後，又收到小桃傳訊息來。「我去爭取了，被我的小主管打了回票。她說會場需要人手，主持人外發給公關公司比較省事。」

賓果，跟我想的一樣。

「我們明明人手夠，又有備用人力，幹麼不讓我上場？唉……」

又過了幾天，小桃丟過來的訊息是：「活動公關公司把主持人選的名單列了出來，那些主持人報的價格隨便都要三、四萬。三、四萬耶！幹麼花這種錢呢？我內心很不開心，我真的好糾結這事兒。」

執念難滅，賊心不死。小桃說，她要去找更高階的主管毛遂自薦。

隔天，我看好戲地詢問後續，非常想知道小桃的大主管用了怎樣的話術打槍屬下的死皮賴臉。結果，跌破我的眼鏡，大主管同意由小桃來主持！主因倒不是能替公司省經費，而是可以節省與外聘主持人的溝通成本。

我請小桃吃飯，恭喜她終於圓了主持夢。

功勞只有你記得，
老闆謝過就忘了

相同的事情，一百種人有一百種看法。對小桃來說，能主持大活動是人生成就解鎖；看在我眼中，卻是找自己麻煩。

縱然彼此想法不同，我很肯定她**願意積極去爭取的行動力**。

說到「要東西」，讓我想起一位很會要東西的前同事。讓我來說說這個故事。

話說：要如何辨識一個電視台記者是不是老鳥？

解答：就看他中午能不能有空吃到飯。一般來說，剛到電視台當記者一定會瘦個幾公斤，因為沒時間吃飯啊！

電視台新聞部非常忙碌，人人像四處飛舞的無頭蒼蠅或者急著搬運東西的螞蟻，沒有一秒空閒。菜鳥記者報到後，什麼職業訓練都沒有，跟著老鳥出去跑個兩次後就上場了，做中學。

做不來的人呢？就淘汰。適者生存，不適者可以再去別家應徵。資歷雖然短，但彌足珍貴，因為怯生生的菜味就少了一點點。

妙的是，被這家嫌到爆的記者，在別家可能活跳跳。職場就是你丟、我撿，這家公司不要的垃圾，別家公司可能覺得是撿到寶。怎麼會這樣？關鍵點只有兩個字：「緣分」。阿咪陀佛。

古有明訓：「此處不留爺，自有留爺處」。這句話用在老鳥身上可能是負氣離職，用在菜鳥身上則是轉個彎，換家公司，加薪三千，揮別鳥氣，日子晴空萬里。

我剛到電視台的第一天，第一位和我打招呼的同事美得像仙女。我看呆了，心想：電視台的女記者都長得這麼美嗎？那我該怎麼辦？我該如何在美女如雲的公司裡生存呢？難道我應徵的不是電視台，而是凱渥與伊林嗎？

內心一陣慌亂，直到第二位同事走進來後，我鬆了一口氣，原來電視台的新聞部還是有外貌普通的人。至於第二位同事是誰，我萬萬不能說，說了會得罪人。我只能透露她目前已經當上主播，證明人定勝天，大腦和內涵不見得可以瞬間超越外表，但也能以實力換機會，慢慢走出自己的一片天。

七早八早就到公司的我雖不至於聞雞起舞，也算透早就盛裝打扮，畢竟職場的規矩是：菜鳥遲到一分鐘就是沒禮貌又不敬業，老鳥姍姍來遲叫剛好，主管下午進公司是合理。準時不準時，中央標準時間放在不同的人身上，標準大不同。

功勞只有你記得，
老闆謝過就忘了

世界上所有的規矩都可以因人而異，大家也都覺得理當如此。不要怪世界不公平，要怪就怪你太菜，因此所有的規矩，你都得乖乖遵守。

當菜鳥時，我每天都忙得不得了，常常午餐都忙到沒空吃。

有天，我肚子餓得要死，但稿子還沒寫完，便到樓下匆匆買了魚丸湯，準備找空檔喝兩口。剛回到座位，資深的同事A走了過來，興奮地說：「你的魚丸湯看起來好好喝喔，可以分我吃一口嗎？」

我超驚訝的，怎麼會有人要求分食魚丸湯?!一碗魚丸湯只有兩顆魚丸，能怎樣分？分了，我就沒得吃了啊！

但我居然沒說不要，心口不一地說出：「好，你吃。沒關係。」

A歡天喜地說謝謝，大聲讚嘆我人好好，迅速把魚丸咬了一大口，我的魚丸被吃掉了半個！在她吃下那超大一口魚丸時，我聽到心碎的聲音與胃腸咕嚕嚕叫。我肚子好餓啊！

隨著時間過去，我對A的了解越來越多，尤其她的月經何時來，我（和女同事們）都一清二楚，因為她會逐桌一一要衛生棉。

俗話說救急不救窮，借衛生棉這種事情更是這樣。哪有人每個月都來借的啦！那不是借，那是故意不買，用「伸手牌」。

我們私底下對她的行為議論紛紛，總是躲著她，和她保持距離。

我很壞，幫A取了個外號，叫她「要要看小姐」。

「要要看小姐」還真不是蓋的。每次有不知她底細的菜鳥來，她就會對菜鳥特別友善，相約一起逛街，而她會邊逛邊說：「這個我好想買，但我沒錢，你幫我刷卡好不好？」

她要菜鳥幫忙刷卡埋單？對！從要東西，進階到要你刷信用卡。

當然，「要薪水」這部分也不會遺漏。她向主管哭訴：「我的房東漲房租，電費也變貴了，一定要幫我加薪，不然我的日子過不下去啊！」

有沒有加薪？答案是有。

「要要看小姐」的行為當然不可取，但也讓我深刻了解到：有要，有機會。台灣的社會文化教育我們要客氣、要謙虛，於是在職場上，我們謙讓又愛演內心戲；在感情上，我們喜歡別人猜我們的心意。一旦曝光自己的欲望，似乎就顯得貪得無厭。

但是人只要活著，就會有欲望，就會有想要的東西。

肚子餓了，你會明白地喊餓，也因此得到滿足；上幼稚園時，老師教我們上課時想尿尿，要舉手說，不要尿在褲子上。為什麼我們對於生理需求都可以大方訴說，對於心理需

功勞只有你記得，
老闆謝過就忘了

求卻往往想要隱藏呢？

說出自己想要什麼，旁敲側擊找辦法。有問，有機會，不問，只是懊惱與浪費。如果你因為不好意思、因為太客氣，而錯過了許多事情，那我要跟你說：面子是世界上最不值錢的東西。

別人不會記得你失了面子，只會羨慕你得到什麼。就算談判不成，你也得到了一次練習談判的機會。

最後強調一下：「要要看小姐」的行為不可取，因為那不是爭取機會，而是貪小便宜，吃人夠夠。要東西的尺度與分寸，請大家自行拿捏。阿咪陀佛。

阿米托福

你去跪別人、拜託別人，不是在跪別人，你是在跪自己的前途。

面子是世界上最不值錢的東西。

不要用抱怨耗損你的人生和精神。

「老闆都在亂投資。那些子公司根本不會賺啊！他投資一家賠一家，收了怕面子掛不住，在那邊硬撐而已。」

「老闆還說要成立新媒體事業部，笑死人。拜託，光看主管名單就知道會死啦！都是五十幾歲的老媒體人，他們連ＩＧ都沒有。什麼新媒體？根本在亂做！」

朋友是個中階主管，對我抱怨著公司的種種，一下談經營方向多不對，一下覺得人事安排根本胡搞，這樣下去，公司絕對不會賺錢。他憂心忡忡。

功勞只有你記得，
老闆謝過就忘了

我聽完所有的抱怨後，問了他一句：「你一個月領二十萬嗎？」

他說：「當然沒有。」

我回他說：「那你為什麼要想一個月領二十萬的人該煩惱的事情？你又不是CEO，這些事情是總經理等級要操煩的。你一個月領七、八萬，這樣的薪水就是告訴你，你只是一個中階主管，你要煩惱的就是如何帶領你的團隊達成部門績效，其他干你屁事。你煩心時，去打開薪水條，看看數字，就會知道自己想太多，也管太多了。」

朋友笑了出來，覺得內心好過多了。

很多人在一家公司待不下去，往往是因為想太多，且操煩一些不是自己該煩惱的事情。

「不在其位，不謀其政」，你領多少薪水，就操煩多少事情，這樣你不會太累，也能做得比較長久。

如果公司真的這樣糟糕，你可以罵一陣子後，上網打開履歷表，跳槽去。用你的腳唾棄它、離開它，**而不是罵了一輩子，卻不走。**

如果你每天罵、日夜罵，卻還是待在這家公司，其實也證明了：你哪邊也去不了，你只適合這家爛公司，你們門當戶對，所以才會長相廝守；甚至一不小心，你就在爛公司做到退休了，證明你和爛公司很匹配，是真愛。

這世界上沒有完美的公司，一如你也不是多厲害的人。「門當戶對」，不僅適用於選伴侶，也適用在找工作上。

你很優秀，就會有人來挖你，或者你也會跳槽離去。**一直抱怨卻不走，只是傷害自己的心靈，讓自己成為一個負面能量強大的人，以及讓大家聽得很膩**，這樣真的不太好。

選工作，不可能像買健達出奇蛋，一次滿足你三個願望。很多時候可能只滿足一個或者兩個，你就該含笑了。若還有其他不滿意的部分，就等你翅膀硬了，再去找下一家讓你更滿意的，這樣不是挺好的嗎？

我每次選擇工作，都很清楚我「為何而來」。

年輕時，選擇工作是做興趣的，拚圓夢。

中年轉業，是身體不耐操，再拚下去可能要去買棺材，財產變遺產。為了養生，也為了求生，只好轉到步調緩慢的企業。我很喜歡公司的上班氣氛，同事們都很善良，給我很大、很正面的力量。身邊都是善良的人，讓我有足夠的正能量把心靈調整到最好。心境好，看一切都會順，這是我一直很想要的，所以薪水我就選擇看淡一點，放水流一點。

功勞只有你記得，
老闆謝過就忘了

後來，我又轉業到薪水更低的大學工作。

薪水越換越低，到底是為什麼？因為我在**斜槓有成後，需要的不是公司給我多少薪水，而是能給我多大的自由度，讓我有時間好好寫作。**

有趣的是，換工作後，我的衣櫃也變了。

以前，裡面掛滿了正式的洋裝、西裝外套，無論是穿去出席應酬或者採訪都很適合。西裝外套以黑色為主，可以提升專業感，但一整排黑西裝外套，也讓衣櫃看起來很「龍巖人本」。原來所謂的專業感，也是一種往生感啊！撐起專業，真的令人疲憊。

在大學工作，同事都穿帽T，大學生也很多人穿帽T。漸漸地，我的衣櫃出現了第一件帽T、第二件帽T，這些過去被我認為是運動服或睡衣的衣服，成為我的上班服。有時候一時貪睡，把晚上陪睡的帽T直接穿去上班，也覺得很應該。

人只要過得舒服，就回不去痛苦和拘束了。

「綁胸勒腰」的漂亮洋裝與「很有事」的西裝外套被冷落，很像東區租不出去的房子，突然失寵了。

對現在的我來說，想要的是一份適合「健康生活」、「正面思考」的工作。賺錢很重

不要用抱怨耗損你的人生和精神。

要，但心靈和心情的健康更重要。

昔日的西裝外套是美好的戰袍，但光輝燦爛的一戰已經打過，舒服的帽T才是我的人生伴侶，不絢爛，卻很踏實、自在。

我們是為了生活而工作，卻常常被工作反客為主地影響生活。

工作會影響你的價值觀、說話方式，甚至擇偶標準，所以要慎選工作。

覺得工作讓生活失控時，不要躲在家裡哭泣。你是自由的，你可以離開。

當你想罵公司時，先問問自己：當初我為什麼來這裡工作？

莫忘初衷。

大家出門上班，不是做起床、做身體健康、做交朋友的。

你踏入這家公司一定是有目的的，可能是為了錢，可能是為了累積資歷，可能是為了學習新技術。隨時提醒自己這個「核心目的」，你工作起來就會有幹勁。

不要把情緒浪費在枝枝節節的事情，那真的不干你的事。在職場上，我們都是過客，拿走自己想要的，大家銀貨兩訖，不要用抱怨耗損你的人生和精神。

功勞只有你記得，
老闆謝過就忘了

遇到公司的政策變革，想不開時，記得打開你的薪水條，提醒自己：我不是董事長，也不是總經理，真的不用想這樣多，明天起床九點打卡、六點下班，五號領薪水，讓全家有飯吃才是正經的。

不要公司還沒倒，你卻因為太愛抱怨而做不下去，那就太傻、太天真了。

記住：職場無須天長地久，只有存款和薪水恆久遠。

阿米托福

生氣，只代表你對這件事無能為力。

職場不是比誰最誠實，而是比「誰最有能力解決問題」。

「我跟你說，我主管說要麻煩你把稿子裡的『業配』兩個字拿掉，因為我們希望讓你的粉絲認為你是真心推薦。」

小安是我的朋友，也是我暫時的老闆。什麼叫做暫時的老闆呢？因為他們公司找我做業配，業配的走期最多三個禮拜。

這個臨時的老闆，和所有老闆都有一樣的心態：花錢是大爺，我要你改稿，你就得改。

「為何不能提到這是業配？」

廠商都常覺得粉絲的智商是0，要網紅配合一起掩耳盜鈴，一臉無辜地假裝世界無聲。

功勞只有你記得，
老闆謝過就忘了

這齣戲，我演不下去。

「這就真的是業配啊，粉絲又不是笨蛋會看不出來。這百分百是業配，也是我百分百的真心推薦，不然我試用這樣久，是在試好玩的嗎？」我口氣有點不耐，火氣也慢慢升溫。

「好，好，好，我知道你的意思，但我主管認為只是要改一點點，以及……你可以在稿子裡多加一點情境嗎？只是改一點點，可以嗎？」小安夾在主管和我之間，成了裡外不是人的傳聲筒。

「不能說實話，我就不接這個案子了。」我下了最後通牒，不做的最大。不要以為有錢就是大爺。

「你不能不接啊！你不接，我就麻煩大了。拜託你啦！我剛跳槽到這家公司，向主管大力推薦你。你現在不接，我就完了……好！好！好！你不用改稿，你不用改稿，我去想辦法。」

小安的慌亂讓我覺得不好意思。朋友之間，情與義的相挺值千金，不相挺就是千金重。

我不知道小安是怎樣搞定主管的，不過最後，我一字未改。

開團後，大爆單，團購的數量比廠商預期的多了四倍，粉絲對商品的品質很滿意，成了他們公司產品的鐵粉。小安的主管在開心之餘，還特別包了一個大紅包給我。

這是一次三贏的合作，粉絲得到優質商品的折扣，我得到金錢以及不違背誠信，業主得到了他想要的業績。

事後，我問小安到底是如何爭取到我不用改稿的特權。

他說：「你和我主管的個性都硬，我只好請教資深同事，問他過去是怎樣洽談網紅的。」

後來呢？

「前輩說：『每個網紅都這樣啊！』越大咖的，越有一些堅持。大咖網紅不缺我們這個業配，也比我們了解自己的粉絲。同事教我，『這時候，你不要去說服網紅，而是要說服主管。在經營粉絲團這件事情上，主管不可能比網紅厲害，你去看看我們主管經營過的粉絲團，都奄奄一息，每天抽手機、送現金也沒有人來。你要那些身經百戰的網紅聽肉腳主管的，他們當然不會服氣。所以，你是要去說服主管，或者不要向他報備了，只要業績漂亮，他就會閉嘴了。』」

聽小安生動轉述，資深前輩果然不是幹假的，接觸過的網紅比他吃過的鹽巴還多，歸納出「第一次與網紅溝通就上手的心法」。

老實說，會紅的網紅個性都怪怪的，要和這些怪獸溝通，還挺不容易的。

功勞只有你記得，
老闆謝過就忘了

職場上，只有菜鳥才會乖乖聽主管的。

有一點經驗的老鳥都知道，老闆不一定是對的。更可怕的是，你都聽他的，他事後還可能不認帳——這是什麼？這就是老闆要你背黑鍋啊！每一隻職場菜鳥都曾涉世未深，蒐集到許多黑鍋與暗箭，此時就可以轉業開五金行了（大誤）。

在職場上，要不要事事聽老闆或者主管的話呢？我覺得萬萬不可，萬萬不可啊！主因有下列三點。

一、好漢只會提當年勇，寶刀早生鏽了

寶刀不常上戰場，生鏽是很正常的。我在新聞圈的資歷超過十年，可是，如果現在要我去SNG連線，順暢度應該比不過菜鳥記者。

老闆或是資深主管過去可能英勇善戰地打出許多戰功，但他們當上主管後，久未上戰場，對第一線的戰場早就生疏，因此判讀起來，往往錯誤連連。

我的好友小蓉說，每次主管和她一起去向客戶提案，案子一定會死掉，因為主管很愛教

職場不是比誰最誠實，而是比「誰最有能力解決問題」。

育客戶，期待客戶要有高大上的社會責任跟理念，但客戶根本不想聽。

她內心大喊不妙，再這樣下去，客戶會跑光光，於是，她開始密切留意主管的班表，當主管排休那天，就是她去向客戶提案的好日子。主管不到，是對屬下最好的幫助。

二、只出一張嘴，不會考量實際情境

老闆就是出一張嘴，出嘴的不用做事，會把標準拉到超高、說得超容易，但事實上當然沒那麼簡單。

實際執行的是你，痛苦的也是你，因此，如果你完全按照老闆說的去做，可能會得罪其他部門的同事或者合作的廠商，甚至弄到兩面不是人。

我在當公關時，最常遇到的情況就是老闆對我說：「這篇新聞，去叫記者撤掉！」完全把別人的公司當自己家的開。如果我傻傻地這樣幹，就是讓記者更不爽，從此我將有更多滅不完的負面新聞，這是老闆和我都不樂見的啊！

所以，我只會適度地把公司的立場轉達給記者，而不是全盤告訴記者，因為溝通的重點

功勞只有你記得，
老闆謝過就忘了

不在於完整轉述。如果完整轉述是重點，公司買一支錄音筆就好了，為何要請我當公關來處理危機呢？

進行媒體危機的處理，要評估利害得失；講話前，思考別人會怎麼反應、有怎樣的感受，才說出口。達成雙方都能接受的共識，才是最重要的。

因此，有時候不要老闆一聲令下，就往前衝，先觀察一下情況，問問聰明且受寵的資深前輩該如何是好，表現出請教的樣子，就會有人對你指點一二。有禮貌地請教別人，比裝會、裝懂、裝厲害更重要。

托爾斯泰在《安娜．卡列尼娜》的開場白寫道：「幸福的家庭都是相似的，不幸的家庭各有各的不幸。」這句話用在職場就是：「公司的紅牌都很爽，公司的黑牌則各有各的不幸。」

在公司想當紅牌，第一步訣竅就是不能太誠實。

在老闆面前，說真心話絕對是個大冒險。在家，你可以盡情做自己，然而在職場上真性情的人，往往比不過馬屁精與戲精。

職場就是在演戲，這是千古不變的道理。想要領人家的薪水，還想盡情當自己，是不是也有點說不過去？

職場不是比誰最誠實，而是比「誰最有能力解決問題」。

三、別讓未來的你，痛恨現在的你

只要你曾經當過業務，一定了解今年的業績超標就是明年的痛苦，因為老闆對於績效永遠「貪得無厭」，如果今年太威猛地超標，就會逼死明年的自己。菜鳥會拚命努力，職場老鳥懂得適度努力。

跑步時，短跑要拚命衝刺，長跑則重要的是配速，適度地收與放，才能跑得久。在職場上，「活得久」很重要。**很多能幹的員工不是被別人逼死的，而是死在自己過重的責任感與績效無法突破的壓力裡。**

最後要強調，「聽話」只是策略與過程，不是老闆的目的。請你仔細思量老闆心中的最終目的，去尋找達成目標的方法。

職場上不是在比誰最誠實，而是比「誰最有能力解決問題」和「誰最能打點好老闆的情緒」。

至於怎樣拿捏安全的陽奉陰違，這真的要有天分以及要看情況，我只能跟你說個大方向：記住，往前衝之前，請多想三分鐘，你就可以不用去送死。

多思量有沒有更圓融解決問題的策略，而不是像是吃了誠實棒棒糖一樣去當炮灰。

功勞只有你記得，
老闆謝過就忘了

阿米托福

在職場上，有一種需要叫做「老闆覺得很需要」，管你覺得這想法有多蠢，記得：他是老闆。你稍微建議一下，若發現他一意孤行，就識相地閉嘴吧。

老闆要，給他就對了。老闆覺得需要，就是必要。

跟老闆囉唆是氣死自己，也沒辦法改變什麼，既然事情這麼蠢，就快點讓蠢事情過去。

點頭說「好」，不是認同他的想法，是為了要讓自己好過。

認真就輸了。適時地不當真，才能做得久。

勇敢選擇所愛，才能得到自己想要的人生。

知名主持人蔡康永從小念私立名校，當了十幾年班長，是學校的風雲人物。研究所時，他念UCLA（加州大學洛杉磯分校）的電影所，同學們都傳說他念了個「怪系」。

在我們現在看來，念電影所還算正常，但在當年，這個選擇可是走在很前面的。蔡康永在一段訪談中提到了爸爸對於他念電影所的看法，他說：「每當有朋友問爸爸，我在念什麼時，他總是清楚講出UCLA，但後面科系的部分就稀哩呼嚕混過去。」聽起來，當年念電影所應該是蔡康永自己的意思，而不是爸爸的決定。

功勞只有你記得，
老闆謝過就忘了

他把念研究所的生活寫在《ＬＡ流浪記》一書中。這本書的第一篇就很有趣，提到編劇課的老師對教室裡這些來自世界各國的學生說：

「編劇本的第一原則是：『世界上沒有人是快樂的』，你的快樂，就是觀眾的痛苦，你越快樂，觀眾越痛苦。觀眾為什麼要花錢進電影院，看到有人過得比他好？所以你寫的主角不能快樂超過五分鐘，在第四分五十九秒時，你就要讓他痛苦摔斷腿，或者被鬼娃娃追殺。如果未來你們寫的故事，誰在一開始就寫主角很快樂，我就讓他這一學期和快樂絕緣。」

教授的下馬威奏效了！大家交出來的編劇作業內容如下：

「阿里巴巴到家門口，發現煞車失靈，車子衝向看電視的媽媽。」

「阿里巴巴把微波爐的烤雞拿出來，看到裡面有一隻死老鼠。」

「阿里巴巴把嬰兒抱起來，發現嬰兒跟自己長得完全不一樣。」

總之，在每個學生交出來的作業中，故事主角阿里巴巴都很慘，且一個比一個慘，教授對此感到很滿意。

我看到這段時，笑了很久，覺得蔡康永的研究所生活很有趣，他選了一個他愛的科系，給了自己精采的生活。

他在書中的最後寫著：「兔子打鼓，人生耗電，回憶才是人生的電池。」

選擇自己愛做的事情，你才有熱情去支撐那些不開心的過程。人生不會樣樣順利，要靠熱情去消化不順的時光。

我們的文化，讓我們都太在乎「有沒有用」，卻很少關心你「開不開心」。念有用的科系，可是每天過得不開心，最後你也只會把這個「有用」的科系擱置腦後，等到畢業後，改做其他想做的事情。

這個有用的科系，只是「用來」耽誤你幾年，對你來說它真的是「沒用」，而你念完的最大收穫是確定自己永遠不會愛上這個科系，如此而已。

有一次，我和我的攝影師聊天。她過去任職外商，由於很熱愛攝影，加上不想每天在外商虛度生命，於是辭職，改做攝影接案為生。

她有句話讓我印象很深刻，「**為什麼我們問候彼此時，都問說：『你最近在忙什麼？』而不是『你最近做了什麼開心的事情？』**忙是好事嗎？開心應該才是好事吧。」

她說得很對，也讓我重新思考起我們的文化。

我們習慣讚揚忙碌，好像忙得要死才是有價值的人。因此，就算你的工作很輕鬆，對外還

功勞只有你記得，
老闆謝過就忘了

是要說：「很忙啊」、「很累啊」、「超忙的」，才不會被別人看不起，也才對得起薪水。

「裝忙」成為顯學，而讓你忙的事情可能很瞎，不見得是開心的事情，所以如果你問別人：「你最近做了什麼開心的事情？」他可能會答不上來，甚至會逼出他的眼淚，因為仔細想想，最近好像真的都沒做什麼開心的事情。

我們大部分的人都覺得開心很重要，只不過一遇到要做選擇時，卻往往選了「有用」，而不是「開心」，因此，人生就會很容易不開心。

我家附近有個鹹酥雞攤，在上一代經營時，老夫妻倆每天笑臉迎人，看他們開心，我們買起來也開心。

後來，兒子接棒，生意依舊非常好，但兒子每天臉都很臭，看起來非常不快樂。在購買時，問他任何問題都得小心翼翼地看他臉色，連問「還有甜不辣或者米血糕嗎？」都得提心吊膽，空氣常常凝結。空白五秒後，他揮揮手示意沒有，炸著鹹酥雞，看著油鍋說：「你自己看，自己看，就剩這些了。」

雖然他賺的錢多，但光看他每天臭臉炸鹹酥雞，連身為客人的我都開始有點同情他的人生。

職業無貴賤，系所無好壞，但重要的是你愛不愛。你不愛，就算在天堂，也像在地獄；當你內心覺得很棒時，就算是家徒四壁，你也會甘之如飴。

勇敢選擇所愛，才能得到自己想要的人生。

阿米托福

對於選擇，我開始做刪去法，確定自己不要什麼，剩下的就簡單了。

功勞只有你記得，老闆謝過就忘了

黃大米的人生相談室（一）

遇到難題了？
歡迎來坐坐！

Q 怎樣才能不當職場濫好人，不被拗？

你當濫好人絕對不是一天、兩天了，也不只有在職場，你應該這輩子都很重感情、很心軟吧。

會成為濫好人的主因來自你擅長虧待自己，你覺得別人的需求比你的感覺還重要。

你最常對不起的人叫做「自己」，因為你都把別人的感受放在自己的前面。但別人真的這樣重要嗎？那些曾經讓你虧待自己的人，後來在哪？

你這輩子認識的人，大多數是過客，尤其同事更是過客中的過客。

當你認清這點後，請仔細分析每一個「別人」在你生活中的重要性，你就懂得如何「量力而為」。

處處盡力而為，只會讓自己萬分疲憊。

你要練習去表達自己的感覺，以及平常心地說「不」。

說「不」，不需要勇敢，只需要多練習即可。

就從日常買飲料和洗頭等等開始。比如當老闆問你：要不要買塑膠袋？——「不要。」要不要多帶一份薯條？——「不要。」

接著，要練習對別人下達要求（指令）。

到髮廊洗頭時，要求水溫熱一點；剪頭髮時，設計師問你想要修剪成怎樣，你不能說隨便，要拿出許多韓星的照片，說：「我要像他／她一樣。」

人的羞恥心可以透過厚臉皮慢慢不見，習慣成自然。不要讓「不好意思」綁住你自己，勇敢地說出自己想要的客製化需求。

功勞只有你記得，
老闆謝過就忘了

當你常常在日常練習說出自己的要求，你也就有了對別人說不的勇氣。

職場真的需要你這樣退讓嗎？想想看，你上次離職之後，還有到過前公司所在的那條巷子嗎？是不是沒有？

對於一個離職後再也不會在乎的地方，到底你哪來這樣多的不好意思。好好做自己比較重要，不要再對不起自己了。

Q 你怎麼處理別人嫉妒你的情況？

你的人生路可能會走上坡，也可能走下坡。能和你聊得來的人，大部分都是因為你們走在同樣的道路上；有天你不小心超車了，他當然不是滋味，這非常正常。

有時候，你要把「人」當「動物」來看。假如你養兩隻狗，每天都給一樣的狗糧，兩隻狗可以相安無事；但如果有天你拿了雞腿給其中一隻狗，另外一隻狗就會生氣地狂吠了，就是這樣的道理。

乞丐不會嫉妒富翁，但乞丐會嫉妒其他乞丐多得到一塊錢。

乞丐為何不會嫉妒富翁呢？因為富翁的檔次超過乞丐太多，跟乞丐不是同溫層、同世界的人。

所以，當面臨朋友嫉妒時，弱者會生氣或吃驚，覺得被欺負；強者不會困於情緒，他會開心自己來到了新境界、新檔次。

偶爾超車一次會被舊識嫉妒，但超車很多次，超車到讓他習慣，他就不會再攻擊你了，還會炫耀和你是好朋友。

若他還會嫉妒你，代表你爬得還不夠高，你就該努力爬得更高，讓他輸到習慣，就會來巴結你了。

如果他沒來巴結你呢？沒差啦！只要你夠強，想巴結你的人多得是，你有缺一個嗎？

功勞只有你記得，
老闆謝過就忘了

Q 我有些屬下在工作上表現很差，該怎麼辦？

以前我會說出「給對方機會」這種春風化雨的答案，直到我後來管理了一些屬下後，才知道有些人一生追求的不是卓越成就，而是盡情擺爛。

對於追求擺爛的人，如果你是主管職，忍耐這樣的屬下，你就是在自殺，因為他們的績效永遠不會好，但擺爛的人會給你許許多多不可思議的理由，讓你覺得震驚。

若你姑息這樣的屬下，就是允許其他屬下有樣學樣，整個組織就爛掉了。

所以，我會給擺爛的人最差的年終，請他走路。

這不是殘忍或者冷血，這是給其他不擺爛、積極認真的屬下一個交代。

認真的屬下默默地扛起很多事情，不代表內心不憤怒。

他們看似溫順，但內心其實是在等你這個主管給他們一個公平正義，整頓好組織，才會大快人心。

刻意練習，才能成就非凡

2 生存翻轉

生活中，每個人都在找路，找尋一個更好的機會，甚至是更好的未來，也沒把握未來會怎樣，我當然也是。

即便到現在，對於生活、對於工作，我都還是在尋求更多的可能，而這些可能，都需要去突破自己，才能發生。

我不斷突破自己，不斷去做自己沒做的事，把不熟的事，做到熟能生巧，甚至像吃飯一樣自然。

希望你跟我一樣勇敢，勇於接受挑戰、超越挑戰，然後登上新的高峰。

刻意練習，才能成就非凡。

懷才像懷孕一樣，時間久了就會被看出來。

「退出公司群組的那一刻，我真的有斷開鎖鍊，鬆了一口氣的感覺。」

茜茜在媒體圈工作了十幾年，新聞工作本來就忙碌又高壓，有LINE之後，更慘。光是公司內的群組就有二十幾個，這還不包含同業資訊交流群組、同事罵長官的群組、家長群組……群組開不盡，沒有春風也會生，未讀的小紅點令人心煩與焦慮。

「我覺得再這樣下去，我光忙著消除紅色點點就可以手指滑到抽筋，眼睛看到脫窗。」

茜茜覺得人生像是被各種通訊軟體綁架了。重要的大事情聯絡就算了，更慘的是，主管會在群組裡講笑話！

主管講的笑話其實都很難笑，但好不好笑不是重點，重要的是大家要刷存在感，一呼百諾，一笑話百哈哈。管它好不好笑，就是會有一堆人回應「好好笑」，瞬間增加三十則未讀，讓人臉黑掉。

這些都過去了。

茜茜跳槽到一家傳統產業公司，擔任行銷公關經理，公司準時六點下班，關門放狗。不加班的企業文化，讓她下班後可以完全放空。

不過，甜蜜的日子總是過得特別快，有件事情讓她覺得很不對勁——俗話說有一好就沒兩好，不好的地方還是LINE。

「你們說說，秒回LINE，居然不對！是不是很不可思議？」茜茜用一種不知從何說起的姿態，開始抱怨新公司的文化。

「為什麼不對？哪裡不對了？」好友們異口同聲地表達力挺。

茜茜的朋友們個個都是職場上的「拚命三娘」，為了工作，別說不眠不休了，更可以拋夫棄子，只要工作一上身就變身成「鋼鐵人」，只有拚勁，沒有人性與惰性。

茜茜一聽大喜，像是在快溺斃的水中遇到了許多浮木。她面露喜色，緊緊抓住，口若懸

功勞只有你記得，
老闆謝過就忘了

河地訴說起來，「新公司的同事們只在上班時間才回LINE，更誇張的是連中午吃飯時間都不回覆，他們跟我說：『這是休息時間，為什麼要回？』是不是很不可思議？」

「這什麼工作態度？爛透了！時代變了嗎？」

朋友們痛罵時代變了，紛紛細數自己過往不管多操、多累，就算在國外出差，半夜也會回覆主管。話語一出，贏得一片掌聲與認同。

聊天可以紓壓，卻無法解決問題。餐敘後，茜茜面臨的難題還是存在。對於同事們開啟「幽靈模式、慢條斯理地」回LINE，主管沒意見，這讓她腦中「職場好員工的守則」逐漸崩塌，她像個過期的軟體沒有更新，跟公司文化格格不入。

更慘的是，主管發現只有她會秒回LINE，所以當別的同事沒有即刻回覆時，主管就會敲她說：「幫我找一下某某某，請她看LINE。」

茜茜暗暗驚呼不妙，因為這樣下去，她不僅會變成「LINE總機」，還可能變成「LINE傳話器」，甚至是「LINE尋人大隊」。這已經不是能者多勞了，而是會過勞！

俗話說「入境要隨俗」，她決定好好了解公司的習俗，約了資深的同事曉鈴一起吃午餐，細問生存之道。

懷才像懷孕一樣，時間久了就會被看出來。

曉鈴放下手上的筷子，慢條斯理，若有所思地加重語氣說：「你秒回LINE會把主管寵壞！這樣子，上下班時間會越來越模糊。以後標準拉高了，對大家都沒好處。」

接著曉鈴擺出甜美微笑，說：「我們大家都不會秒回啊！晚上下班後還要帶小孩，怎麼可能一直看手機？你以前的工作是做新聞，當然需要秒回，但你想想現在手上的案子，是不是有九成以上，明天處理也沒差？」

一語驚醒夢中人。

西西開始試著只在上班時間回LINE。同時，她放慢自己的轉速，配合公司的文化，把大腦中「是非對錯」的標準尺重新設定。

三個月後，她開心地說：「下班時後不被LINE綁架的日子真好！**原來不過度敬業，是這樣開心啊！**」

每一種產業訓練出來的人格特質是不同的。

轉業可說是重新當「新鮮人」。主管對於新鮮人的期待不會太多，包容性也會比較高；但第二次當新鮮人的轉業者，往往急著求表現來證明自己的實力，卻忽略了每家公司都有自己的企業文化。

功勞只有你記得，
老闆謝過就忘了

如果茜茜繼續用過去秒回LINE的工作態度做事，一定會招來同事討厭，因為這是破壞公司的潛規則。

求表現沒有不對，若能先融入組織文化，再來求表現，更能兼顧到「人和」。

我有個朋友在美國的土木工程顧問公司工作。剛到職時，他每天都在公司加班到很晚，還把沒做完的事情帶回家做，工作效率領先同事。

有天，資深同事直白地跟他說：「你是一個好孩子，也很努力，但我們其他人都想一天只賣給公司八小時，在時間內把事情做完就好。你把工作帶回家是用兩倍的時間來拚，這樣是不公平的競爭，麻煩你以後不要這樣。」

我朋友被澆了冷水後，沮喪難免，可是人在異鄉，加上膚色、種族的壓力，他不再加班了。但同時卻也驚覺他光是在上班時間做，就可以做得比美國同事好，也因此讓自己的人生更輕鬆了點。

懷才像懷孕一樣，時間久了就會被看出來。

新到一個環境，鋒芒不要太露，不用急著求表現。先觀察環境，思考展現鋒芒又不討人厭的方法，這才是有智慧又成熟的職場人。

懷才像懷孕一樣，時間久了就會被看出來。

阿米托福

一如推動巨輪時，初期一定會備感艱辛，費了很大的力氣，卻只有一點點進展，但只要方向一致，不斷朝同方向施力，輪子就會越跑越快。

人生所有事情都是這樣。

功勞只有你記得，
老闆謝過就忘了

你拼命努力，卻沒有看清楚核心關鍵。

「剛剛我們公司發的新聞，請問會刊登嗎？」

沒有一種職業不需要跪求別人。我在擔任公關時，拜託記者刊登新聞是家常便飯，彎腰、跪求，我都ＯＫ，但是聽到年輕記者的這句話，還是會讓我內心想罵髒話。什麼話呢？就是：「你們的新聞稿寫得不好，都太長了。我只要四百字，你可以改給我嗎？」

LINE上傳來的每個字，我都看得懂，尤其「新聞稿寫得不好」這幾個字，像是颱風天猛力撞擊窗戶的狂風，我的玻璃心被敲得咚咚響，呼吸急促，彷彿魚要跳出水缸得喘不過氣。

我暗暗想著：「我出過書耶，在新聞部十幾年耶。你這死菜鳥嫌棄我新聞稿寫得不好，到底有沒有搞錯啊！」

我在內心吶喊著、嘶吼著，情緒沸騰之下，飛快在LINE上打出回應：「你說得對！我們新聞稿寫得太差了，未來會改進。等等我們先改稿，給你四百字的版本，再麻煩刊登喔！」

記者對於我們的態度很滿意，新聞也順利露出、曝光了。至於不滿的情緒，我統統吞下了，一個字都沒說。

如果仔細分析這句話：「你們的新聞稿寫得不好，都太長了。我只要四百字，你可以改給我嗎？」你認為記者想表達的「關鍵」意思是什麼呢？

我認為前面的嫌棄都是虛晃招式，真正的用意：「請你幫我改出四百字的新聞稿，方便我使用。」

因此，嘔氣是沒必要的，爭辯新聞稿寫得好不好也沒必要，因為對我來說，重要的不是他肯定我新聞稿寫得多好，而是「新聞曝光」。

看清楚核心目標，其他的就都可以當成虛線。忍他、讓他，是為了成就自己的績效。

功勞只有你記得，
老闆謝過就忘了

擔任公關，公司最在乎的績效就是媒體曝光度，新聞稿不能寫心酸的。如果新聞稿石沉大海，等於做了白工，而常常做白工，就會住在公司的冷宮。反之，只要你的新聞稿每次出手都可以露出，公司就會覺得你好棒棒。

在職場上，「做到流汗，被人嫌棄到流涎」的悲劇，往往是因為你拚命努力了，卻沒有看清楚核心關鍵。

朋友最近負責幫部門採購一些物品，認真地貨比三家後，她沒有選擇比較便宜的。對此，主管問她為什麼，一副準備興師問罪的樣子。

但是她一句話就讓主管安靜了，並且對她的機靈深表讚賞。

她說：「我們幫公司買東西，最重要的是什麼？就是要能過財務會計那關，因此，單據完備最重要。報帳若報不過，痛苦的會是自己，賠錢的會是自己。雖然同樣的商品在國外網站買能便宜兩成，可是國外的購物網站不會管我們單據核銷的規格，所以無論多便宜都要淘汰！淘汰！」

朋友每次在執行任務時，都會**先思考「這項任務的關鍵是什麼」，才開始決定要怎樣做，而不是憑直覺或者感覺，便傻傻往前衝，也因此大大降低了白忙一場的風險與日後的糾結。**

當你陷入困頓、感到迷惘，甚至卡著不上不下時，你都得去思考：這件事情的關鍵是什麼？常去思考關鍵點是什麼、核心人物是誰，可以讓你不瞎忙。

看清事情的輕重緩急，優先撿起老闆在乎的事情做，其他的事情視情況放水流，才不會累到往生。

常去了解老闆的喜惡，可以讓你不白目。

而當你遇到一項任務，有多位主管介入時，要聽誰的呢？有個很好的判讀方法：請聽命於能打你考績的人，他才是能決定你生死的人。

如果你身為高階主管，看清楚事情的關鍵就更加重要，因為你管理的風格與策略，會影響你的客戶與屬下。

如何雙面討好？分享一個小故事給你參考。

某位公關公司的董事長曾經對我說：「我服務客戶，從來不要求屬下做到一百分或者面面俱到。」

我吃驚地問她為什麼。她用看盡人情事故的神態跟我說：「做到八十分，我的屬下可以七點下班。拚到一百分，屬下要到凌晨三點才能下班。無論是八十分還是一百分，客戶都

功勞只有你記得，
老闆謝過就忘了

會滿意，但我的屬下長期這樣拚命到深夜，很快就會離職。事事追求完美的管理方式，不僅會寵壞客戶，還會弄死屬下。屬下如果常常陣亡，倒楣的是我，不僅要跳下來自己做，公司還變成了新人培訓班，這不是傻了嗎？」

阿米托福

在職場上，要把事情做好，努力是必須的。但是要做到被讚賞，「聰明地努力」更重要。

乖巧從來不是保命傘。

在這家大集團中，有不少子公司，但每當公司要開展新業務、併購新公司時，娟姊的名字總會被提起。她能力強、聽話肯做，努力又拚命，為人正直，除了對屬下太嚴厲以外，還真找不太到缺點。

從行政助理一路爬到副總，職稱的變化也看出公司對她的倚重。大家都說娟姊是董事長心中的紅人，紅到發紫的那種。

娟姊律己嚴格，律人更嚴格，公司規定九點上班，她八點五十五分就站在打卡鐘旁，

功勞只有你記得，
老闆謝過就忘了

以目光監督誰遲到了，鐵的紀律，一分一秒都很精實。到公司吃早餐這種事情，她絕不允許。她說：「公司有付錢給大家，從九點就開始付錢，大家九點就得開始工作。」

有時遇到菜鳥不懂規矩，會聽到她聲若洪鐘地大喊：「不要到公司吃早餐！你們這是在偷公司的時間，當薪水小偷。以後吃飽了才來上班，上班就是要做事情的。」

既然上班要準時，下班是否也讓大家準時走人呢？抱歉！你真的想太多了。面試時說六點可下班，但是正式上班後，往往到了七點半，大家才敢偷偷摸摸地逐漸散去。遲到一分鐘扣錢，加班一小時不給加班費。

在娟姊「鐵的紀律」管理下，員工像是被整理過的草皮，人格特質很一致：奴性都很高、很聽話。

而那些不聽話、長歪了的雜草或者樹苗，要不就自己請辭了，要不就被娟姊逼走了，難以在公司容身。

娟姊為公司鞠躬盡瘁快到死而後已的程度，即便孩子發高燒，她也大義滅親地準時出現在公司。除了國定假日以外，她全年不請假，甚至常常在假日自主加班。

看著她的拚命，同事們忍不住懷疑：是否有天她會死在公司，葬在公司，公司依照她的身形製作一尊銅像，放在打卡鐘旁邊，英容宛在地繼續監督著大家：「不要遲到！不許遲到！」一如日本的忠犬小八，成為感人肺腑又不可思議的傳奇。

人人都知道，花無百日紅，令人嘆息的是每一朵耀眼奪目的紅花隨風招搖時，不會想到自己也有花落時。

「聽說娟姊因為自以為功勞大，在開會時頂撞董事長，讓董事長超生氣，一怒之下就把她的職權縮小了。」

「我聽到的是，業務部績效不好很久了，老闆覺得讓娟姊繼續管業務部的話，公司一定會倒。加上娟姊得罪太多人了，大家都跟老闆說，娟姊不走，公司不會好。」

「沒沒沒，據說是新來的總經理容不下娟姊。董事長重金挖來了新總經理，只好冷凍娟姊，讓新總經理可以放手大改革。」

娟姊到底是怎樣失勢的？

大家都不是老闆肚子裡面的蛔蟲，卻很愛扮演蛔蟲的角色，猜心。基層人員靠著說嘴八卦，讓別人知道自己也是挺靠近核心的，至於查證是否屬實這種事情，拜託，只有天知、地知和老闆知。

功勞只有你記得，
老闆謝過就忘了

真相像是一塊塊小拼圖，大家喜孜孜地收集，縱然明白真相只有一個，卻也深知自己不是柯南，無法解出謎團，打屁、八卦、當當看熱鬧的鄉民，就心滿意足。

失勢這種事情不用明講，從小地方就可以看出。

辦公室的座位，可以看出此人的重要性：中階主管的位子會比基層員工大一些，而且可以得到較大的隔板，保障隱私權；高階主管不僅位子會大一些，也更內側，座位還可以靠窗，欣賞風景；至於更高層的主管則可以得到辦公室，甚至還有一位祕書坐在門口，防止大家隨意闖入。

娟姊的座位從專屬的氣派大辦公室換到了中階主管區。調整職務與座位，往往是坐冷宮的證明與被資遣的前哨站。

挫折可以讓人變得有同理心。娟姊的氣焰收了，不再頤指氣使，甚至常常說出：「請、謝謝、對不起」。

人不得志時，往往成了驚弓之鳥，處處小心。

娟姊的大學同學約她一起去土耳其十天，她繳了團費後卻開始遲疑，憂心想著：「雖然我有年假，但請假這樣多天，老闆會不會不開心啊？」

請假這件事，娟姊本來就不擅長，搬入冷宮後，她變得更是小心翼翼，深怕位子不保。最終，她還是沒去土耳其之旅。她碎念著告訴自己，「沒關係，等我過幾年退休後再去好了。」

娟姊默默盤算著，「只要我乖巧、聽話，應該就不會被開除吧！」因此，不管新總經理下達多扯的命令，娟姊統統埋單。

總經理在會議上說：「為了維持公司的整潔，辦公室內禁止飲食。」其他主管聽過就忘了，只有娟姊要屬下徹底執行，於是屬下連在辦公室吃糖果也會被她斥責。

人不紅時，連屬下也開始硬嘴硬舌，「娟姊，為什麼我們不能吃東西？別的部門的人都可以，我們又不是在捷運或者無塵室上班！」

更資深的屬下把話說得更白了，「娟姊，我知道你現在很辛苦，但翻紅不是靠檢查手帕、衛生紙、維持整潔這種小事情啊！衛生股長當得再好，還是不會受重用的。」

日日難過日日過，娟姊常回想起年輕時，許多公司開出高薪來挖角，她都沒動心，更覺得自己一片忠誠被辜負了，頗有我本江心照明月，奈何明月照溝渠的感嘆。

娟姊如履薄冰，事事乖順，也沒能讓她度過寒冬，盼到春暖花開——董事長還是優退了

功勞只有你記得，
老闆謝過就忘了

她。**一生奉獻給公司，被逼退花不到十分鐘。**

娟姊離開後低潮了一陣子，自己創業，開了公司，倒也經營得有聲有色，從此再也沒有人可以開除她了。

在公司上軌道後，她規劃了土耳其的旅遊，再也不必擔心回來後位子不保。柳暗花明又一村，而這個自己打造出來的春天，似乎更牢靠了。

娟姊的故事其實是許多上班族的縮影，可以給大家四個啟發。

一、功勞只有你記得，老闆謝過就忘了

娟姊的能幹是大家有目共睹的，但是對老闆來說：我已經幫你升官、加薪，很對得起你了。

在私人企業，**老闆連自己的公司可以存活多久都沒把握了，怎麼可能因為你昔日戰功彪炳，養你天長地久。**

人性是自私且自利的，求生存更是動物的本能。對老闆來說，能幫助他賺更多錢、讓企業不斷成長的人，就是好人才。當你無法在貢獻度上讓老闆滿意時，也就是請你走人的時候。無論過往的勞多苦功再高，只有你這個白髮宮女還在話當年。

二、公司是一時的，家人的關係才是一輩子

娟姊為了公司，每一年的年假都不敢請。也因為自己如此敬業，對於員工請假萬分感冒，怎樣都看不順眼。每次批核時，總愛酸幾句：「身體這麼不好，常常請假，你的業績怎麼辦啊？」「又請假、又請假，你沒來，事情要找誰做啊！你說說看，你這個月請了幾天？」

她把公司當成自己的，公司卻沒有這樣想。而屬下們更覺得在她底下做事情非常辛苦，常抱怨地說：「拜託，娟姊也不想想她一個月領多少，我領多少。我才領三萬塊，勞健保扣一扣只剩兩萬多，我需要為了公司拋家棄子嗎？」

功勞只有你記得，
老闆謝過就忘了

為了公司拋家、棄子，娟姊還真的統統做到了。她的兒子永遠記住媽媽在他發高燒時，堅持不請假，因此對娟姊有怨念，覺得在年幼需要媽媽時，媽媽狠心不陪，等到他長大也不需要媽媽陪了，兒子與娟姊很疏離。娟姊淪為一台好用的媽媽牌提款機。

娟姊賺錢讓全家過好日子，到頭來卻落得老公也抱怨說：「在很多人生的重要時刻，你都不在。」「你最愛的是公司，不是我和兒子。」

娟姊在家庭一再缺席，讓家人們覺得失落又失望，那是再多金錢也無法彌補的。縱然他們能試著體諒，但那些記憶上的空白，就永遠空白了。

三、「不跳槽」是你評估後的選擇

娟姊年輕時在職場上戰功彪炳，總有許多企業想挖角，給她高薪，也給她好位子。但娟姊總是婉拒，覺得自己倘若跳槽會讓老闆失望；沒想到，最後她尊敬、仰賴的老闆卻讓她失望，甚至絕望。

其實不是老闆無情。關於跳槽與不跳槽，是你個人評估後的選擇。

娟姊當時選擇不離開，除了感情層面外，也自認未來可在這家企業高升，跳槽放棄年資與年假也不合算。同時也憂心萬一轉換到新公司，水土不合或被欺生，到時無法回鍋，可就麻煩了。

總之，算盤撥了撥，加減乘除利弊得失之後，「留下」是最終的答案，而**這個決定，得自己承擔。**

四、乖巧從來不是保命傘

很多主管最喜歡聽話又不抱怨的屬下。但如果屬下很聽話，卻常常闖禍，主管也不愛。聽話的屬下對主管來說，最大的功能性是好差遣，可維持主管的尊嚴與施展權力。不過，**每個主管更愛的是「能解決問題」的屬下。**

老闆把天馬行空的夢想丟給大主管，要他想辦法實現這個夢工廠。大主管如果發現自己能力不夠，便會增聘新的專業人才來解決這個燙手山芋，所以能解決主管問題的人，就會得寵。職場如七月水鬼抓交替，上層管策略，下層的人負責解決問題，以及做主管不想自己做的事。

功勞只有你記得，
老闆謝過就忘了

許多上班族都以為「乖巧」是保命傘。錯！

這就跟在學校時，你以為守規矩就可以獲得老師的偏愛一樣錯誤。守規矩只是基本款，成績好才是保命傘，才能享有老師的偏愛與特權。

職場上的保命傘是你的戰功、你的能力。

公司會對你落井下石，轉身無情；同事會踩低拜高，西瓜偎大邊。但你的能力與專業不會背叛你。

娟姊在離開公司後可以再創新局，也就是這個原因：增強自己的實力，才是最好的護身符與救命仙丹。

阿米托福

沒有人是不可取代的，但你的能力可以帶著走。

成熟的上班族不是冷眼看主管出包，而是同在一條船，努力試試看。

「哎喲，計畫趕不上變化，變化比不過長官的一句話！」

莎莎埋怨著，回想剛剛開產品會議的情形……

在會議室，面對一整排新設計出來的商品，蔡總仔細地一個一個看，邊看邊搖頭。大家知道這下慘了，鐵定被打槍。

凝結的空氣中，蔡總皺著眉頭說：「這些貓貓狗狗印在杯盤上，真醜！這種商品要賣給誰？設計部的人有沒有品味啊？有沒有用心啊？這種設計沒有生命力，不會呼吸！」

資深的蕾姊經驗老道，深知此刻不出來安撫蔡總兩句，這場會議將沒完沒了，便急忙陪

功勞只有你記得，
老闆謝過就忘了

笑說：「蔡總，你是文青，品味比較脫俗，貓貓狗狗的商品是賣給小孩和家長的。這整排設計，你看看有沒有哪一款是你特愛的，我們就主打這款如何？」

蔡總嘆了口氣，像是在與品味低俗的凡夫俗子妥協似的，欽點了白底黑字的「名家揮毫毛筆字杯盤組」當年度主打。

會議最後，他語重心長地看著遠方說：「設計商品要有美感。你們知不知道，光一個白色就有三百多種白，有象牙白、乳白、蘋果白……每一種白都是一種層次，獨特而唯一。」

「拜託，誰知道白有三百多種啊！我只知道白痴的白、翻白眼的白，和白目的白。」莎莎邊笑邊說。

每次我們聚會時，莎莎總會提到她的「文青長官」蔡總。蔡總出身豪門世家，家中名畫珍寶無數，他常自豪說自己住在「小故宮」。

不僅如此，對於吃，蔡總也非常講究，一年四季都要吃當令的食物才合胃口，春、夏、秋、冬，食物按節氣上桌，馬虎不得。

有一次，蔡總和大家去台東出差，想喝杯咖啡，廠商不知道蔡總高、大、上的品味，派了工讀妹妹到巷口的超商隨便買了杯咖啡回來。蔡總一看杯子，語重心長，憂國憂民地說：「這種立即沖泡的咖啡是不能稱為咖啡的，這是水，哀。」

蔡總的好品味和他含著八支金湯匙的出身有關，但這是人家命好，本也不礙著同事們，壞就壞在產品部的商品、行銷部的文案，統統都得由蔡總過目、批核。每次在商品會議上常聽到蔡總唉聲嘆氣，為同事低落的美學素養憑弔，「山頂洞人都有審美觀，你們……唉……我真不知道該怎樣說……唉。」他常常都是在萬般無奈之下，勉強簽核。

也不知道是否命運的捉弄，或者通俗才是主流，在公司新推出的杯盤組中，蔡總最討厭、覺得最俗氣的貓貓狗狗系列賣得超好，各通路都搶著進貨。

而他最愛的「毛筆字杯盤組」滯銷，還得靠打折打到骨折的破盤價來出清。

莎莎像是看了一齣好戲，急急跑來向我回報最新戰況。她邊笑邊說：「蔡總看到銷售報表時，眼睛睜得好大，因為貓狗系列賣光光了，毛筆字系列卻遭通路商紛紛退貨，弄得上台報告的蕾蕾姊只好打圓場說，毛筆字系列在天母、信義區的通路，銷售數字很亮眼。蔡總欽點的款式，較能打動菁英人士的心。」

更精采的在後頭。會議的最後，蔡總上台做總結，他看看大家，又拿起貓貓狗狗杯盤系列看了看，接著笑嘻嘻地對大家說：「其實這貓狗系列看久了也挺可愛的。我喜歡什麼不重要，最重要的是東西要能賣掉，一如狗罐頭，我覺得好不好吃不重要，狗喜歡吃才重

功勞只有你記得，
老闆謝過就忘了

要，大家說是不是？」

頓時掌聲四起，氣氛一片和樂，大家都笑了，「狗罐頭，狗喜歡吃才重要」也成為大家下班後互虧的哏。

能屈能伸的蔡總也同意了，下一個年度的主打改為貓狗、貓熊、小豬等系列。

許多上班族抱怨主管是豬頭，下的指令是一場大災難，甚至有人會因此槓上主管，憤而離職。

成熟的上班族大可不必如此，因為「朝令夕改」是主管的權力，每一次的決策，主管要承擔的責任一定比屬下大。

一如莎莎的公司，萬一商品滯銷了，最後走人的一定是大主管蔡總。而位高權重的蔡總一定比屬下更怕被資遣，因為他年紀大、薪水高、位階高，要再尋覓好的職務並不容易，所以當他做出任何決策時，必有其考量。

相反地，當主管做出令人驚嚇的「非凡」決定時，屬下只需要適切地提醒；如果主管執意不改，**一個成熟的上班族應該要接納上司的意見，努力去試試看，而不是擺爛，看主管出包。**你的直屬主管不幸淪為黑牌，底下的人也跟著被蓋牌，永難翻身，大家坐在同條船

成熟的上班族不是冷眼看主管出包，而是同在一條船，努力試試看。

上，只能賣力地划。

試想，如果你是主管，推行新政策時，一定很期待看到「不凡」的成效來證明自己的英明。若屬下能執行出漂亮的成果，主管內心也會很感謝你，肯定你。但屬下如果陽奉陰違，「養老鼠咬布袋」（台語）來看自己的笑話，身為主管必也看在眼裡，往心中記上一筆——倒楣的還是你自己。

在職場，大家都是為了五斗米折腰。領民工的錢，不必操煩總理的事。天塌下來有主管扛的日子，其實挺好的，不是嗎？

阿米托福

人不是神，主管更不可能全知全能，不可能每次的決定都能正中紅心。當下達命令的箭射歪了、飛偏了，只中了兩分，主管只要能坦承錯誤，修正腳步，帶領大家繼續往前走，就很值得肯定。

朝令有錯，夕改何妨？總比主管將錯就錯，把團隊帶到死胡同好啊！

功勞只有你記得，
老闆謝過就忘了

工作和婚姻很像，俗不可耐的柴米油鹽才是日常。

「改改改，還要改！她到底夠了沒有？她就長這樣啊，還要我修成怎樣啊！家裡是沒有鏡子嗎？」

小珍看著電腦上薇姊的照片，右手憤怒地摔滑鼠出氣。滑鼠好衰、好無辜，奧的又不是它，卻是它在受罪。

薇姊的形象照已經修了十次，她一下嫌照片中的自己太胖，一下覺得法令紋太多、衣服顏色太暗沉、看起來不夠有活力、不夠親切、不夠……不夠的東西很多，夠的東西很少。

「你再修下去，連薇姊的媽媽都認不出來了啦！」坐隔壁的小敏說著風涼話，試圖讓氣氛好一點。

「我光想到今天上班都在幫她修照片，就覺得自己好沒出息，人生都在幹鳥事！叫薇姊不要再這樣神經病了啦！」

二十分鐘過去，小珍修出了一張優雅中略帶甜美、甜美中又深具智慧，智慧中又透著親切的薇姊照片。

她在LINE上傳給薇姊時，敲打鍵盤寫出的文字不是「薇姊你去死，你就長這豬頭樣，還想修圖成林志玲嗎？」而是：「薇姊，這張有幫你修瘦瘦喔，衣服也幫你從黑色調成紅色，看起來氣色更好了呢！」愛心貼圖隨文字一起奉上。

LINE框上普天同慶的對話，背後藏著多少上班族的忍耐。

我們都以為別人的工作很光鮮亮麗、做著有意義的事情。啊！真的不是這樣啊。

工作和婚姻很像：浪漫的婚禮像曇花，只是一現，俗不可耐的柴米油鹽才是日常。

某日，和朋友聚餐，朋友笑笑地問說：「大作家，最近又寫了什麼文章啊？」

我神情頑皮，誠懇認真地說：「我都在寫〈十二星座運勢〉、〈十二生肖財運〉、〈一

功勞只有你記得，
老闆謝過就忘了

個動作看出你男友愛不愛你〉、〈一張圖看出你今年的桃花運在哪〉……都在寫這樣的廢文，網友愛看廢文，廢文才有流量。」

當時我在網路媒體工作，身為新聞部的主管，要負責調度記者、決定新聞方向。聽起來很威、很專業，真實情況卻是，高大上的新聞往往沒有什麼點閱率。「問世間點閱率為何物？直教新聞人生死相許、淚滿襟。」點閱率為王、點閱率是一切，可以騙點閱率的廢文，才能讓人保住位子、贏得長官的肯定。

上班寫廢文，我會覺得委屈嗎？其實不會耶。公司有公司的難處。**老闆請你是來幫忙解決問題，不是請你來說三道四，談改革的。**

朋友看過的世面更多，聽到我每天都在寫這些五四三，挺能理解的，還說了一個故事安慰我。「有一位得過國際設計獎的大師，他在演講時說，他每天不是在做什麼偉大的設計，而是在幫女明星修圖。女明星才不管他有什麼偉大的設計概念，只在乎腿要細一點、長一點，奶要大一點，皮膚要白一點。」

獲得一份工作後，你會發現在面試時談的工作內容，和後來的實際工作內容，往往差了十萬八千里。

一開始也不是差這樣遠，是漸漸地、漸漸地……可能因為同事離職，你暫時代管一下業務，沒想到公司決定不補人，這個暫管的業務就成為你的業務。也可能是某次開會，老闆把突發奇想的專案交給深受重用的你，慢慢地一切都失控了，慢慢地偏離軌道，慢慢地，你也習慣了職場的荒唐。

許多時候我們進入一家公司，是想要學習到一些技能，羽翼漸豐時能幫公司解決問題或創新改革一些事情，好好一展長才。

漸漸地你會發現，公司要的是守成，要的是一個好的執行者。因此**上班時，八成的時間，你是在對主管說「好的，沒問題」，大概只有一成到兩成的占比，你可以提出想法，做點小小改革。**改革從來不是容易的，緩慢的革新是企業比較能接受的速度。

成熟的大人面對鳥事，不是忙著憤怒與生氣，而是分析鳥事的性質、鳥事推不推得掉、日後會不會再來，以及思考因應對策。

資深的職場人點頭說好，不是真的認同這件事，而是幾經評估「說好」和「接受」可以降低處理這件事的情緒成本，不因鳥事讓自己的人生過不去。

功勞只有你記得，
老闆謝過就忘了

至於要忍受鳥事到怎樣的程度，這個答案很看個人。

條件越好的人，忍受度越低，因為多的是公司搶著挖角。

條件不好的人，你更不應該花時間抱怨鳥事，應該快點把鳥事做一做，讓它卡在你身上的時間短一點，讓你有更多時間去做能增加你實力的事情。

別人的工作永遠不會讓你失望；但別人或許也正在失望他的工作，只是你不知道罷了。

沒有一個職位是沒有雜質的，純淨無汙染的鮮奶都不容易取得了，更何況是工作呢？

阿米托福

我們看別人的人生，都像是修圖過的，光鮮亮麗，無懈可擊。

看自己的人生，卻是原圖無碼，痛苦放大的崎嶇。

人人都有難關，關關難過，關關過。每天睡覺也會過。

三十五歲是職場分水嶺：過不去時，以即將要離職的心情上班。

每個人都將是或曾經是——三十五歲。

對於年輕的你，這篇是寫給未來的開箱預言。

三十五歲之後，你再也不是一個年輕人了，好像到了這個年紀，所有的莽撞和不確定性應該要塵埃落定。

古人說三十而立，主因是以前的人出社會早。到了現在，大家畢業晚，出社會更晚，三十五而立才比較適當。

功勞只有你記得，
老闆謝過就忘了

當你年過三十五，你可能會擁有一點點錢，一些奢華物質也能無痛入手，你也可能已經晉升到小主管的位子，前途光明。甚至，你可能會有點臭屁或者得意洋洋，以為人生就此坦途……

我想跟你說，那你就錯了。

當你來到中年，隨著你的年紀越大，歲數會成為你的心理負擔。企業不見得一定會因為年紀不要你，但你一定會因為年紀而變得膽怯，變得瞻前顧後。如果這時候你已經成家立業，在做選擇時就會更小心翼翼，因為你輸不起。你肩膀上的經濟壓力、你習慣過好日子的生活方式，都像蜘蛛網一樣層層包覆你，讓你在面臨職場挫折時，更覺得茫然、無依靠。

中年人是備受公司期待的，因為你是企業的新生代主管。

但中年人也是壓力最大的，尤其當你逼近四十歲，或者年過四十時，這時候的你在抉擇工作時，其實很難搞、很龜毛：你要水準以上的待遇；你要週休二日，可以兼顧子女成長；你精明計算通勤時間，太久、太遠的統統不要，仔細評估下班時間不能太晚；你期待在職場上有所發揮，要錢、要位子卻不想要太疲累，因為你的身體已經無法過操、過勞。

中年的你，不能說是眼高手低，卻絕對挑三揀四，因此你必定要知道，如果貿然離職，你的待業時間會比較長。

這和你是否優秀無關，而是由於你設定的條件不低。市場上當然有這樣的夢幻工作，但需要花費時間以及用盡所有人脈，甚至一點點好運來助你覓得職場良緣。

建議年過三十五歲時的你：當你對工作忍無可忍時，請不要率性離職（但如果是因為身體不適，請火速離開，保命最重要）。

既然不要率性離職，那該如何度過這樣難熬的時光呢？請試著做這四件事情。

一、以即將要離職的心情上班

不知道你有沒有發現，同事只要丟出離職單後，會突然變得神清氣爽，神采奕奕，興高采烈，因為深知就算公司有再難忍耐的事情，過陣子就跟自己無關了，再討厭的上司也即將老死不往來，從人生封鎖刪除，上班心情變得很輕鬆。只要心情輕鬆，日子就不難熬了。

功勞只有你記得，
老闆謝過就忘了

因此，當你很想離職，卻因經濟壓力而無法率性離開時，請在自己內心設定離職日期，對自己喊話只忍到那天，改變你每天上班的心情，降低上班的痛苦，也許事情就會好轉。好轉後，搞不好就不想離職了，這不也挺好的嗎？

有時候一份工作做不下去的原因，往往是因為你「太認真」。

二、積極丟履歷

既然都想換工作了，就開始努力想辦法吧！

當你有份工作在手，對於履歷丟出去後沒有回應，會看得比較淡然，得失心較低。當然，也會因為還在職，你評估新工作的標準會比較嚴格、比較挑剔，但這是好事情。畢竟大家都想在一家公司好好發展，不想流浪在各大企業打卡沾醬油，換工作光是又要開一個薪資帳戶、設定密碼等等就很累。

年過三十五，選擇一份適合自己的工作尤其重要，因為入錯行的成本正快速上升，選擇的籌碼正在減少。

「丟履歷」是測試行情最準確的方式。

請要有心理準備，此時你雖擁有一身好本領，卻不一定吃香，因為太資深了，企業有時剛好沒這空缺。不用你，不是你不好，而是你太好。

你一定要有耐心。

三、狂用人脈，釋放消息

如果你都沒有釋放出想換工作的消息，別人根本不知道你有異動的心啊。

年過三十五歲世代的人求職有一個很大的優勢：你有比較豐厚的人脈，可以適度向朋友放出風聲，表達自己有想要離開原公司的想法，請大家幫你留意。

四、薪資談判，預留彈性空間

你的薪水可能已經很不錯了，因此當你想跳槽時，「開價」也成為你心中的壓力。

如果你想面談的是大企業，薪資較能讓你滿意。但如果是中小企業，薪資空間就比較小。

功勞只有你記得，
老闆謝過就忘了

若你開出的價格讓主管覺得是天價，他當下不會多說什麼，僅笑笑帶過，保護公司的顏面。譬如：你開九萬，但公司的人事預算只有五萬，面試官自己也開不了口說出底價，怕被你笑話。

價格落差也是很好的篩選機制，假如薪資條件差異太大了，你也無法屈就太久。除非有其他好處，例如免打卡、可在家上班等等福利非常吸引你，足以彌補你金錢上的損失，就可考慮釋放願意降薪的訊息。

工作，對中年人來說是生活和社會地位的支撐。突然失去工作，將使人產生巨大的焦慮、籠罩在不確定的陰影，甚至對自我感到懷疑。因此，除非存款夠厚，請不要貿然失去工作，「騎驢找馬」才是上策。

騎驢找馬時，對於馬遲遲不來，因為還有小驢可騎上路，不會困在「愛而不得」的燒灼。

我輩中人，職場路崎嶇多，大家小心上路，互相照應，一起加油。

阿米托福

我家樓上住了幾位獨居老人，我總是熱情地向他們打招呼、搭訕聊天，擔心他們今天除了我以外，沒有人和他們說話。所幸他們都很愛運動，看起來很健康。

有天遇到了婆婆，她剛爬山回來，我問她：「那條山路安全嗎？」

她不解我的提問，比手劃腳、誇張地強調說：「安全啊！很安全！很好爬。」

後山那條緊鄰我家的山路不是主要的登山口，我往往爬到一半，就因為恐懼那條無人路的安全性而折返。聽婆婆這樣一說，興起了怎樣也要爬一次的念頭。

終於，有一天我爬上來了！沒想到這條路非常安全又好爬，真不知道我當初在怕什麼。

人生的路，往往也是這樣。對於未知的恐懼，往往會綁住我們前進的腳步，但真的拚下去做，會驚訝地發現根本沒那樣難。

超越恐懼，未知就會成為已知，成為人生新的道路與風景。

功勞只有你記得，
老闆謝過就忘了

黃大米的人生相談室（二）

遇到難題了？
歡迎來坐坐！

Q 面試可以問薪水嗎？有人因為面試問薪水，被老闆罵說大學才剛畢業，竟然就要三萬塊薪水。你怎麼看？

面試一定要談薪水啊！上班就是為了賺錢，不是嗎？面試不問薪水，那是要問什麼？難道面試是談心跟談感情嗎？莫名其妙！

你悶著頭上班，等領薪日一翻兩瞪眼再來吵，不是怨念更深，更不好嗎？

每天開門七件事，柴米油鹽醬醋茶，哪一件不要錢。

一日三餐都必須靠錢才能溫飽。像我每天都必須談錢，從買早餐、買珍珠奶茶到回覆企業邀約演講的出席費，每天、每天，我都在談錢。

我每一次的「賣身」，價碼都不同。我的身價在小咖的時候很便宜，越來越大尾了，價格也不一樣。張惠妹沒紅前唱一首歌的價碼，跟成為天后時的價碼絕對不同。

調價、詢價，都是靠自己。

你每次買東西都會殺價個五十、一百，卻甘願在月薪上吃虧，是什麼道理？

薪水多了，你會大氣的不計較小錢，連殺價都懶得殺。不是你大方，而是你賺得多所以大方。在買東西時費盡心思討價還價，談薪水時卻悶不吭聲，這樣是省小錢，捨大錢，況且月薪還會牽動年終獎金，你怎可以隨便？

我認為一個成熟的大人就是要能談錢。一個連錢都不敢爭取的人，怎麼有辦法爭取好的位子和福利呢？

家境越不好的孩子，越不敢爭取自己的權益，他們習慣被虧待。

功勞只有你記得，
老闆謝過就忘了

家境好的孩子，在養成的過程中，可不是這樣委屈。

我認識兩個企業老闆，他們都說，小孩如果在學校被欺負，一定要自己打回去，不能只會報告老師，期待別人幫忙爭取公道。

有次孩子被打了，哭著回家，大老闆說：「你回去打那個同學，打到了才能回來。」他要孩子自己學會爭取權益，所有的公道都是自己討來的。

請大家勇敢談錢、勇敢要錢。

那些討厭你談錢的人，不是討厭你這個人，而是他們給不起，檢討自己太失面子，只好貶抑你、傷害你。你不用理睬這些人，好好談錢吧！

如果有家公司敢一個月不給員工薪水，不僅違法，你下個月也不會去了。所以上班的本質就是賺錢，不是出來交朋友。

當然，如果你家很有錢，另當別論。要是家裡有錢，出來做身體健康的也可以喔。

面試時，如果老闆說出「為什麼才剛畢業就想領三萬?!」，這個老闆一定是個很差勁的人，你要感謝他在面試就現出原形，沒有浪費你的時間。

真小人，比偽君子來得容易辨識，走過路過、快點錯過吧！

如果你面試時不談錢，願意妥協，絕對不能是因為客氣，而是你要拿其他的東西，例如大企業的品牌資歷、大企業的人脈等等。

不談錢的人往往布局深遠，要的是未來的增值。有企圖心的人談錢與不談錢，都是謀略，而非不好意思。

Q 新的主管提了很多很可怕的政策，怎麼辦？

請先都說：「好，會配合」。

為什麼要這樣應對呢？因為新手主管常常在對環境還不夠熟悉時，有滿腔改革的熱情跟想法，急著呈現績效，證明自己值得公司重金挖角，所以他會有很多厲害（恐怖）的改革、創新（行不通）的作法。

這時候如果你勸阻這位新官主管，他是聽不進去的，因為他滿腦子只會想著：「我的判

功勞只有你記得，
老闆謝過就忘了

斷很準確，你懂什麼。」

此時，你也無須對新政策感到害怕，因為一個組織會發展成某種文化，一定有其道理，且組織文化的力量往往不是一、兩個人可以輕易撼動，新主管多待一陣子就會知道自己該修正（自己錯了）。甚至，過陣子主管可能就陣亡了（嗚呼哀哉）。

我有個朋友在某家公司待了兩年，已經換了六任主管，真應證了「鐵打的衙門，流水的官」，越高階的主管責任越大，命也就特別短，沒有績效，就得收包包走人。

人生宛如一場馬拉松賽馬，是在比賽誰的氣長，所以你不用衝太快，急著對新主管表達不滿；政策改變時，別急著生氣、抗拒，就耐著性子觀察，如佛祖般拈花微笑即可。

等待往往就有轉機，船到橋頭自然直，務必安心。

主管朝令有錯，本來就可以夕改，改革得好，你也學到了一些他身上的本事；改革得差，他也很快就走了，也就沒差了。

事情可以急，心態要如老僧入定般緩慢優雅、處變不驚。

別自亂陣腳，靜心等，時間會帶來變化。人生比氣長，慢吞吞的烏龜，比蹦蹦跳的兔子長壽許多。

Q 請問你覺得最好的留人方法是什麼？

最好的留人方式是什麼呢？

讓員工加薪、升官，讓員工轉調他想轉調的部門，這些方式歸結起來就是：讓他開心，滿足他想要的。

容易嗎？不容易。

加薪要看公司的營運情況。也許員工表現真的很好，但公司最近營運很糟，此時身為主管的我，如果因為一時心軟，寫了屬下的加薪簽呈，就是個搞不清楚公司情況的大白目。

升官，要看看上面有沒有位子，人都卡死了，怎麼升？轉調部門也是如此，我願意放，對方部門願不願意收，也很難說。

就算主管惜才、愛才，有時候，主管也有他的無奈。

當屬下鐵了心要走，我聽過最暖心留人的一句話就是：「你去了新公司，如果不適應，不要忍耐，隨時可以回來。」

功勞只有你記得，
老闆謝過就忘了

這一句話為何能讓屬下非常感動？

因為舊東家的好與不好，自己早就心知肚明，也有了對策，已知的部分多，未知的部分少；跳槽到新公司，是種賭注，已知的部分少，未知的部分多，縱然談妥更好的薪水與職稱，其他未知的事項更多，像是主管的做事風格、個性是否能融洽、同事是否好相處、公司文化等等，這些重要卻無法具體條列出來的事情，都只能進到公司才會知道。

面試如站在岸上摸河水，只知一二，不知三四五，正式上班跳下水中，才知冷熱，猶如在雲霧中前進，心情緊張猶如臨淵履冰般的小心翼翼。

換公司是興奮的，擁抱新可能也面臨不確定性，此時舊東家如果說出「你隨時可以回來」這幾個字，等於是給離職的人一張保護網，萬一賭錯了、選錯了，從高空掉落，不會摔死，不會一場空，也不會被嘲笑，你還有舊東家張開雙臂歡迎你，懂得你有多好用，把你當寶一樣珍視，等你回頭。

因此，如果員工真的要走了，身為主管的你，比起咒罵他無情無義，不如大家好聚好散，告訴他隨時可以回來，也是讓公司再度擁抱好人才的機會。

說個故事給你聽。

有次，一位明星要跳槽去別家唱片公司，她是該公司的台柱，她的離開對唱片公司的收益影響巨大，但明星已經和別家唱片公司簽約了，木已成舟。

如果你是唱片公司老闆，你會怎麼做？暗殺她、毀容她、抹黑她，我得不到，別家也別想擁有。

哈哈哈哈，當然不是這樣。如果是這樣，這一篇就是社會新聞，而不是暖心的故事。女明星跳槽後，跟舊東家當然也沒了聯絡。唱片發表會上，昔日唱片公司老闆帶著一級主管盛裝出席這場記者會，恭喜女明星有新作品，讓她又驚又喜。

因為舊東家老闆這溫暖的舉動，讓她決定把自己部分的經紀約，繼續簽給舊東家。

暖心老闆這一招留住了女明星的心，雖然不再是獨占她所有創作，至少也拿到一部分，並且和公司金雞母維持了良好的聯繫。人世間的變化很大，能維持聯繫就有轉機。

我們常常規勸員工，離職時不要和公司撕破臉；但相同地，公司主管也應該想著，員工沒有功勞，也有苦勞，想想他過去的貢獻，員工如果離開的心意已決，暖心送一程，屬下可能會更感激公司栽培。

當然，如果能送上這句話：「你去了新公司，如果不適應，隨時可以回來。」屬下絕對會深受感動。

功勞只有你記得，
老闆謝過就忘了

3 職涯翻轉

不斷去做，就會逐漸變好，甚至做到非常好

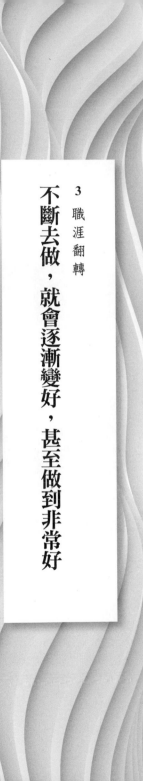

每次做新的嘗試，每個人一定都會緊張，我當然也是。

當你面對一件事情或者一項新的挑戰，感到緊張與焦慮時，恭喜你，因為你正在遠離舒適圈，嘗試新的技能。

一開始一定會不上手，但有一天你一定可以挑戰成功，像呼吸一樣自然。

不斷去做，就會逐漸變好，甚至做到非常好。

了解自己，才能找到讓自己眼睛發亮的工作。

「我已經換工作換到……唉……都不想跟別人說我又換工作了。」

小雲懊惱地說著，雙眼沒精打采注視著迴轉壽司軌道上滑過來的，一盤又一盤的生魚片、握壽司，每一道都可吃，也可不吃，食之無味就任其轉走。

一如此刻她在工作上遇到的狀態：滿滿的機會，但每一份工作內容都難以激起熱情，上班的理由只剩下比比看哪個錢多，哪個離家近。

「我懂，我懂，我出書後兩年間換了三份工作耶。我都在想流浪動物之家怎還沒來救救我。我真的懂你的痛苦啦！」

和小雲換工作的頻率相比，我算是後起卻直追。

年輕人的漂泊是浪漫。

中年人的漂泊是命運與更多的不得已。

這五、六年來，小雲換了七、八份工作，從政府部門的高官機要到知名大企業的公關，每一份職務都是令人「哇！哇！哇！」的稱羨，她卻像失了魂魄似的難展歡顏。

「你知道我過去在那家進口家具店工作，辦公室有多大、多美嗎？但我超痛苦的，上班一小時我就可以把事情做完了，只能發呆和上網，好寂寞喔。只要有人LINE我，我都好開心、好開心。」小雲講得生動，坐在富麗堂皇的辦公室，她像是櫥窗模特兒般漂亮，無心且空洞，靈魂如孤魂，空虛、寂寞、冷。這多年前的事情，她回述起來依舊明晰。

她是漂亮又有氣質的人，連抱怨都很惹人憐愛，像是命運虧待了她。事實上，她卻是我們眼中工作運極好的人，連去洗頭都有人要介紹工作機會給她。

有陣子她太常面試，忍不住自嘲：「我每天不是正在面試，就是走在要去面試的路上。」

我點點頭，聽著她的抱怨，一陣悲從中來。我怎會不懂呢？

功勞只有你記得，
老闆謝過就忘了

記得剛從媒體業轉當企業公關時，我每天穿著套裝華服，一本正經地去參加純粹浪費生命的會議，都得用力捏痛皮膚，避免打瞌睡。而每當有記者來訪，我得以出去透透氣時，都有一種逃獄或者保外就醫的喜悅，覺得自由的滋味真好！

上班沒勁，根本坐牢。

我跟小雲像是楚囚對泣，她關心地問我，「你現在的工作不是挺好的嗎？每天六點就下班了，哪邊不好？」

人性就是這樣，看別人的工作都覺得美善，然而個中滋味只有當事人知道。

「好山，好水、好……無聊。」無聊不是病，無聊要人命！

我仰天學狼嚎嗚嗚叫，試圖將痛苦表達得傳神一點。

「我現在的工作像你以前一樣，一小時就可以把事情做完，於是只好列印出小學生的習字帖，練習寫字，一筆一劃，橫、捺、撇、頓地殺時間，練筆也練心。」

真沒想到，我年紀輕輕，已經在公司過著帶髮修行的日子。

過去，我和許多朋友都很羨慕小雲的人生際遇。她外表好、談吐佳、個性優，放在任何職務上都體面又討喜。她曾當過主播，為了小孩捨棄忙碌的工作。換跑道後的每份工作，薪水越來越高，能力也深受每一位主管器重。

一切都好，只是不快樂。不快樂，事情就嚴重了。

她說：「我上班上得好沒勁。這些公關新聞稿，我不用腦就寫得出來。」她的能力太強，工作太簡單。

薪水高，工作又輕鬆，讓我們羨慕得要死，真想問問她是去哪裡拜拜、許願的，工作運怎會這麼強。她卻懊惱又困惑著，「我是不是太不知足了？我家人都在念我不惜福。我也想好好在一家企業待著啊！」

以前我是真心不明白她的痛苦，猶如餓漢不知飽漢苦，旁人螢光筆畫下的重點是「薪水高，又有生活品質。」

關於痛苦這件事從來不是能感同身受的，往往要「身受才能同感」。

人生後來要走上怎樣的道路，往往說不準。

我在幾次職場轉換後，也翻到跟她同樣「輕鬆過日」的大好牌。

我二次轉職當公關。剛任職的心情一如新婚，看什麼都美好。在綠樹、陽光圍繞的地方上班，真是太幸福了。六點準時下班，跟太陽公公一起休息。同事們善良又好相處。

功勞只有你記得，

老闆謝過就忘了

我欣喜地感謝這一切，覺得這輩子的福報應該都用在這一次了。

一開始，有很多媒體事件需要處理，但有些工作的忙碌是有季節性的，在衝過去某些難關後，迎來柳暗花明，日常一片祥和——而日常代表了日復一日，「今天」、「昨天」、「大後天」相似到像在玩大家來找碴，得明察秋毫才能辨識出不同。

這樣的日子，對於愛找刺激的我來說，真是痛苦啊！

在你很年輕時，如果選擇了一份輕鬆的工作，一開始應該會挺喜悅的。等快速上手後，就會逐漸不快樂，開始懷疑人生，想著：我一輩子都要這樣下去嗎？因為你精力正好、學習力正強，精氣神十足。

太輕鬆的工作對年輕人來說是浪費生命，虛耗了薪資向上攀升的黃金時期。

太輕鬆的工作對有能力的中年人則是折磨，像是要一個精通乘除運算的六年級小學生，每天不斷算著1＋1＝2，他算得無滋無味，還得說著「好有趣啊」——能忍受這種折磨的人往往都是有經濟壓力的中年人。

中年人在年輕時如果嘗過成就感的滋味，比較不遺憾，也比較能忍耐無聊，但依舊會有好漢愛提當年勇的感嘆。一如我和好友小雲，就是大千世界裡許許多多中年人的縮影。

因此，怎樣才是好工作呢？

絕對不是錢多、事少、離家近，如果只要符合這三點就是好工作，應該很多人都跑去賣雞排了。

為何你明知賣雞排好賺，卻不肯賣雞排呢？應該是不想日復一日地過著翻炸油鍋的日子。

錢很重要。但最終會讓你選擇一種職業、願意持續做下去好多年，錢可能只是一部分的原因。

工作中能支撐你樂此不疲的主因，一定包含心靈層面的滿足。無論是這份工作深具意義，或者這份工作符合興趣，才能讓你把吃苦當吃補。

在工作中覺得時間過得好快，如同熱戀般喜孜孜地期待上班，覺得很有成就感的工作，才是好工作。

如果你覺得每天炸雞排、看著客人喜孜孜地吃雞排，讓你很有成就感，這樣無論是炸雞排或者炸番薯，對你來說都是超棒的工作。

工作是如人飲水，冷暖自知的。

選擇工作時，你要先了解自己是怎樣的人。

功勞只有你記得，
老闆謝過就忘了

我常覺得我一生最愛的工作就是當記者，因為健康因素離開後，常常有一種失去真愛的失魂落魄。為何我這樣熱切地想當記者？因為我的個性閒不住，又好生事端，哪邊有熱鬧就往哪邊去，遇到越大的事情，越覺得自己有價值。別人看起來辛苦，卻是我心中最熱愛的工作。

了解自己，才能找到讓自己眼睛發亮的工作。

而當你還沒找到自己最愛的工作前，可以用刪去法，知道自己不愛哪些工作、做什麼類型的工作會覺得痛苦。透過這樣的察覺與發現，相信你也會逐漸找到自己喜愛的工作。

＊＊＊

以上三點是寫給年輕人的情書，但往下走就是要寫給中年人看的情書第二卷，年紀不同。對挑工作的標準也要不同，血淚中帶著真摯的情意。

＊＊＊

回想當公關時，每天，我凝視著我的痛苦、分析著我的痛苦，感受著自己起床時的厭煩感，思考著我到底怎麼了，這麼好的工作，為何讓我這樣憂鬱。

了解自己，才能找到讓自己眼睛發亮的工作。

我突然了解到，**選擇職業往往像是動物在挑食物，你無法要羊吃肉，也難以要獅子吃素，牠們會食不下嚥，精神與形體都奄奄一息。**

這樣無聊寧靜的日子，如果是年少的我，應該會手刀去拿離職單，揮揮手，不帶走一片雲彩地離職，但經歷幾次轉職的春夏秋冬，對於職場，我已經能察覺三百六十行裡共通的鐵則，因此忍耐度也拉高了很多。

職場三大鐵則

一、完美的工作不存在

再喜歡的工作，也會有你不喜歡的人、事、物。你可以先傾聽自己的抱怨，自我分析這是可解決的，還是不能解決的。

有時候有些痛苦，是因為你對環境或者工作內容尚且陌生，久了就好。如果是這類可以熟能生巧的痛苦，隨著時間過去，你的感受會不同。

另外，為了避免你一時有勇無謀地錯殺好工作，請仔細思考後，記錄下這份工作的優點，也許一個優點就足以抹平所有的缺點。

功勞只有你記得，
老闆謝過就忘了

例如，小雲為了想要陪小孩長大，選擇工時彈性的工作，而我則是貪戀公關職務的工時短，可以好好寫作。所以，縱然我們宣洩情緒、哇哇叫的聲量已到響徹雲霄的程度，還是在思及「核心優點」下，以比軟糖還軟Q的身段，忍受這一切。

中年人什麼都沒有，就是很能忍，別說五斗米折腰了，五粒米就可以下腰。

二、老鳥福利多，媳婦熬成婆

其實，就算你什麼都不改變，別人看你的眼光也會變。

一份職務只要做久了，變資深了，不僅別人不太敢動你，你也能得到比較多的禮遇與特權，更具體的福利是年假變多了，請假也方便了，你不用忍耐這麼多組織的綑綁，有了更多「保外就醫」的自由，或許就可以適應，或者甚至出現轉調的機會。

三、職場贖身靠自己

在職場上，你最好的靠山是靠爸，但前提是你爸要有出息，留給你金山和銀山。如果家裡沒有留給你這兩座山，只留給你「兩億」：回憶和失憶，那你還是只能摸摸鼻子靠自己。

職場上敢對主管拍桌的人，往往是已有了其他工作機會，或者有了足夠的存款。

「退路」和「錢」就是你的膽，當你存款豐厚，就算在上班時對老闆鞠躬哈腰，也不會覺得委屈，因為你只是在練習演技，陪主管玩玩而已。

中年人的妥協不是軟弱，是顧前又顧後的責任感。

阿米托福

我是怎樣解除在工作上有體無魂，像是稻草人的痛苦呢？

我察覺到自己熱愛學習，只要能持續在大腦或者技能上前進，就能安頓我的心靈。我的內心像頭獸，需要新的養分餵飽它，讓它停止吼叫。

因此，我開始在下班後去聽演講、去上課程。無法在工作中得到的新感受，我靠下班後自我獵捕。

白天為了錢而工作，晚上為了我的心而勞動，身心因此平衡。

功勞只有你記得，
老闆謝過就忘了

成熟上班族，離職沒什麼不好意思的。

接到前屬下小魚的電話，「我該不該離職？」

新工作的情況是：一、薪水增加；二、自由度變高；三、學到新技能。

我笑了笑，說：「我聽不出你需要留下來的理由耶。」

小魚語帶猶豫，怯生生地說：「我怕提離職，對現在的主管不好意思……」

請你回想每次離職，前一晚輾轉難眠，設想了一千次的對話，最後有派上用場嗎？我猜幾乎沒有。

最後登場的，往往是你沒設想到的第一千零一種情況。既然如此，有什麼好腦補劇情的？離職就是去跑流程啊！跑的速度可能比恐懼的時間短很多，過程多數非常非常順利，流暢到讓你茫然。

「不好意思」提離職的情緒，很多人都有。

如果昔日和主管感情很好，提離開，怕傷主管的心。其實是你多心了。主管不會多傷心，比較會煩惱誰來接手。

資深又能幹的主管，少了你，他也有足夠的能力撐起來。主管見多了人來人去了，反倒是你少見多怪了。

相反地，如果你和主管的關係差，內心的糾結會比較少——你思考的事情可能是最後一刻，要對主管潑鹽酸還是翻桌，才能消氣與展現霸氣——我開玩笑的啦！你考慮的是該安靜離開，還是微笑以對。

你也許會問：離職時，如果主管刁難怎麼辦？

哎喲，你要離職了，他身為主管的職責是簽名，幫屬下簽離職單是他的工作項目之一。

功勞只有你記得，
老闆謝過就忘了

我還沒聽過有哪個主管哭鬧著說：「我不簽，我不簽，我不要你走（嘟嘴＋跺腳）！」如果有這樣戲劇化的過程，你應該會更堅定地想走，因為跟著這樣瘋狂的主管真的太可怕了。請安一百萬個心，正常來說，等你走到跑離職流程的這一步時，大家都會很乾脆。

甚至對主管來說，簽署你的離職單是當天最輕鬆的待辦事項。

如果你的主管是個好人，對於你有更好的發展，他應該會祝福。

如果你的主管是個爛人，只想到自己、只在乎你離職後，他底下的缺沒有人來承擔——這種主管，為什麼你要覺得對他不好意思呢？

進一步來說，**你對主管不好意思，但請問：你對於辜負自己的前途和人生發展，就好意思嗎？**

自己的前途自己顧，上班就是出來賺錢、拚前途的，不是交朋友或做身體健康的。無論你有多崇高的理想，若兩個月不給你薪水，你應該就不會去上班了，所以上班的核心價值就是「賺錢過生活」（蓋章）。

另外，也不要以為主管會捨不得屬下離開。

有時候，主管內心是很討厭某個屬下的，只是礙於勞基法或者其他原因（比如他爸爸是公司高層），無法舉行送神大典，只好如雞肋般地勉強用著這個屬下。

曾經有位屬下向我提離職時，我內心的仙女棒彷彿在黑夜中點燃，閃閃發光，覺得自己「出運了」，顧人怨的屬下終於提離職了，差點喜極而泣，在內心高唱：轉吧！七彩霓虹燈！轉吧！轉啊！七彩霓虹燈！讓我看透這一個人生（轉吧）讓那沒有答案的疑問，統統掉進雨後的水坑！

至於主管會不會因為你的離職而恨你，這重要嗎？

請回想過去離職後，再見到前同事和前主管的機率有多高。就算你們住在同條巷子，恐怕一個月見不到一次面吧！

如果不是朋友，離職之後就彼此生死兩茫茫，只有臉書讚來讚去，如此而已。

甚至如果你離職後，發展得好，前主管會對別人說：「那個小魚喔，她剛畢業時，我帶過她，那時我就覺得她不一樣。」錦上添花是人性，你把自己混好一點，弄成一塊錦，就會有人來四處沾光。

跑完離職流程後，你會鬆一口氣，之前的恩恩怨怨、無法忍受的鳥事，突然也沒那樣重

功勞只有你記得，
老闆謝過就忘了

要了。

過去那個一天到晚黑你的同事，以後不會黑你了，因為他要忙著去黑別人，你連被黑的價值都不存在。

跟你不對盤的主管，從此彼此天人永隔，山水不相逢，相逢也不會在夢中，除非作惡夢。

是啊，職場就是這樣，昔日在公司受不了的一切，只要一離開，就跟你沒有關係了。你的座位，兩個禮拜後就有人補上，如果人事手腳快一點，隔天就有人補位。你退出的公司群組，很快會有菜鳥加入。

這就是職場，誰都不是無可取代，誰也沒那樣重要。

因此，大家有緣在同一家公司時，善待彼此，就已經功德圓滿。就當作這是一趟旅程，總有一天，要下車的。

過去那些不開心的事情之所以會影響你的情緒，不是因為真有多不開心，而是因為你看不到痛苦的盡頭。

當痛苦有了盡頭，就變得比較不痛苦。而當痛苦走到了最後一天，就是解脫。（幫我點播一下阿妹的〈解脫〉，大家預備備一起唱：解脫是肯承認這是個錯，我不應該還不放手，你有自由走，我有自由好好過……是的，大家都有自由好好過，讓自己好過是最重要的事情。）

職場上的痛苦，很多小傷轉身就忘，大傷痛隨著回憶也會逐漸淡去。彼此沒有什麼深仇大恨，只是剛好在公司互看不順眼而已。

離職請好聚好散，不需要撕破臉。上班就是在演戲，演了這樣久，沒差這一天。

「離職」和「就職」一樣，都是職場必經的過程。

面對就職，我們歡天喜地慶祝著。面對離職卻像是犯錯的孩子，低調又遮掩，好像提出離職就成了不祥的鬼魅，同事如果多跟你接觸，就是沾染了不忠的晦氣。

離職真的有這樣嚴重嗎？我不認為。離職沒有多難，只要你隔天不去舊東家上班就可以。

離職就像重新投胎轉世，祝福大家都可以找到好人家投胎。**離職之後才是起點，找到下一份適合自己的工作才是重點。下份工作不一定要錢多喔！因為錢多不見得適合。不適合的工作是地獄，就算錢多，你也做不久。**

能決定你人生往哪邊走的，還是你自己。

功勞只有你記得，
老闆謝過就忘了

阿米托福

成熟的上班族，面對離職沒什麼不好意思的。你小學畢業時，在畢業典禮上也不會覺得對老師不好意思啊！

人生本來就是一個階段又一個階段，當你進階時，慶祝都來不及了，幹麼還頻頻回頭看。

成熟上班族，離職沒什麼不好意思的。

人生路上只要死不了人的，都是擦傷。

小千每次打電話給我，都是面臨選擇點：

「我繼續待在這家公司，能當上主播嗎？」

「都十月了，我要等年終領了再走嗎？」

「我跟主管還不錯，如果跑了，會不會不太好意思？」

「假如面試時被問為什麼要走，要怎麼說？」

功勞只有你記得，
老闆謝過就忘了

連串問句，每句都是猶豫。往前、往後舉步維艱，瞻前顧後，怎麼看都是賭注。當記者多年的小千每次遇到跳槽這事，智商就下降，渾身菜味，平日跑新聞的狠勁都沒了。

「你要不要先跟新公司談了再說呢？」

我話回得客氣。我是南部人，北上鬼混多年後，已將台北人的客氣話學成精：**台北人的「要不要」，就是你最好接受，不然我們談不下去。台北人口中的「還好」，就是東西不怎麼樣，有種勉強可接受的意思。**

我對小千提出了務實的建議。所謂「比較」，一定是雙方都開了條件，才能判斷優勝劣敗。如果什麼都還不知道，想了不僅沒用，還徒增恐懼。

幾天後，小千又來電。

「我跟新公司談了，我要薪水多八張。」加薪八千，就轉台。

「對方怎麼說？」我問。

「她說要想想。她是不是認為我要太多了？她是不是不開心？她是不是覺得不要？」

喊價後，沒有立刻擊掌賀成交，小千的內心戲再度隆重登場。

「你管她開不開心幹麼？談薪水就像做買賣一樣，喊出一個你會開心的數字，對方開不開心不是那麼重要。」

上班就是出來賺錢，錢到位了，心才會舒坦，其他的，都是其次。

「如果她願意給八張，我要去嗎？去了，我能播報嗎？還是留下來，比較有可能當主播？我們公司好像打算明年幫我開節目，跳槽機會就沒了，這樣會不會太可惜？……」

小千心中的算盤珠子來來回回地撥弄，算不出最划算的定案。

看來，在小千心中的路有兩條：

第一條路：留在原本的公司，薪水聞風不動

這個選擇，圖的是未來當主播和主持節目的可能。

可能，我說的是可能，沒有拍板定案的可能。只要一不小心惹主管不順心，這個可能性會從九十九降到零。

上班族都是把希望寄託在別人身上，鞠躬哈腰、察言觀色，展現動物的求生本能。

功勞只有你記得，
老闆謝過就忘了

第二條路：跳槽拚加薪

小千期待加薪八千，帶動萬位數字的進階，例如四萬二變五萬、五萬五變六萬三，身價大躍進。

我覺得小千的煩惱，沒那麼難。「你等對方的答案，如果不能一口氣加薪八千，你跳還是不跳？八千是一口價，還是有讓步的空間？」

除了考量加薪外，她更需要決定職涯的方向。**向左或向右都好，站在十字路口不僅危險，也到不了新地方。**

「你是比較想要錢，還是比較想要當主播？兩者都要，難度較高。你先選出一條最想要的路，心想事成的機率會高很多。」

小千想了想，給出老實的答案，「我不知道耶，我都滿想要的。這樣怎麼辦才好？」

既然兩者都想要，想做出決定，就得評估手上的籌碼。

主播工作是青春財，年紀過了三十歲，上播報台的機率逐漸下降；過了三十五歲則更低了，想播報得趁早。如果選了這條路，對於加薪的期待要往後挪一點，等播報久了，身價就不同了。

在新聞台眾多的情況下，不少兼任主播月薪只有三萬多，額外的播報費一節（一小時）的行情約兩百元到七百元。

看到這裡，你是否覺得這行很沒「錢」途？擠破了頭，只是空有虛名。

不是這樣看的，資深的主播薪水還是很不錯。另外，在有名氣後，主持一場活動的價碼是三萬到六萬元，這是一個薪水開低走高的位子。

小千三十歲了，我比較建議先卡到主播的位子。

任何職業都一樣，一開始是最難的。只要你在這家公司播報過，跳槽去其他公司，別人也會給你播報的位置，因為大家都愛用能立即上手的老鳥。培植新手既累，難度也高。

另一家電視台的主管就算肯幫小千加薪八千，工作性質卻是做深度專題報導。一如前面所說的，你在哪個角色做得好，主管只會期待你繼續堅守那個崗位。

若小千把專題新聞做到得獎，會備受肯定，但不會因而得到主播之位，只會得到滿滿做

功勞只有你記得，
老闆謝過就忘了

專題新聞的機會，隨著年華老去，便也跟當主播的夢想緩緩道別。

每個人每天醒來後都在做選擇。從早餐要吃蛋餅還是土司夾蛋，到晚上睡覺要不要關窗，這些日常選擇，有些能明快如反射地做出決定，有些可能會想來想去，最後翻盤，比如本來出門要買A，最後意志不堅地買了A＋B回家。

為什麼有些事情可以如此明快地做出決定？有幾種可能：

第一、這件事就算做錯了，也不嚴重，你可以承擔。

第二、你非常了解自己的喜好，所以能夠一秒就做出選擇。例如：吃麵要加辣，喝珍奶堅持半糖等等。

所以想要能治療好猶豫病，重點有兩個：

一、你要夠了解自己

你要很誠實地面對自己的欲望，沒有害羞與不好意思，沒有「跟別人交代」這回事，只有自己想要與不想要。

而當你能看清楚自己有多「貪婪」時，這就是前進的動力。

「客氣」、「讓賢」，在待人處世上會受到肯定與歡迎，因為你丟掉自己，去迎合別人，當然人人喜愛。但最後你會討厭自己，因為你辜負了自己。

在《愛麗絲夢遊仙境》的故事裡，愛麗絲迷路了，遇到笑臉貓，她問笑臉貓：「請你告訴我，我現在應該走哪條路呢？」

笑臉貓說：「那得看你想要到哪裡去啊！」

愛麗絲說：「我不知道……」

笑臉貓說：「如果你不知道要去哪裡，那麼你走哪條路，也都無所謂了。」

出發要有個方向，不然就可能在原地打轉，不斷困擾著自己。

二、風險評估

許多時候，我們因為怕選錯路，而把恐懼失敗的情緒無限放大，其實那些風險你都還承受得起，不要低估了自己。

人生路上只要死不了人的，都是擦傷。

功勞只有你記得，
老闆謝過就忘了

你不可能一直都做出最正確的決定，其實每個錯誤都深具意義：當你做出了錯誤的決定，你也會因此更了解自己，無論結果怎樣，至少都賺到心甘情願。

人生是一連串的過程。體驗百種滋味，看盡春夏秋冬的變化，這樣的人生才會過癮。

故事的主角小千後來呢？

她找不到願意幫她加薪八千的新東家，便留在原公司當主播，力拚將來成為當家一姐。

塞翁失馬，焉知非福。

阿米托福

換工作的審視標準之一是：你的主管現在過的日子，是不是你將來想要的？

如果不是，就可以考慮轉行或者換工作了。

你的主管是你未來的樣貌。

人生路上只要死不了人的，都是擦傷。

斜槓之路，你要記得把心態歸零。

「斜槓」是近來最夯的名詞，無論你現在身處怎樣的情境，好像只要告訴別人你是「斜槓青年」、「斜槓中年」，平凡無奇的人生突然就有了亮光。這兩個字彷彿光明燈，有斜槓有平安，有槓有未來。

但斜槓真的是人生的萬靈丹、職場的強心針、愛情的回春丹嗎？

怎麼可能！

在斜槓成功之前，可是有不少黯淡無光的日子要走。老話一句：**沒有挫折的成功，都是包裝過的謊言。**

功勞只有你記得，
老闆謝過就忘了

身為一個斜槓的過來人，我要在這裡分兩個面向，和你談談「斜槓」這件事。

第一個面向是：工作上，斜槓的真實樣貌。

第二個面向是：斜槓思考能讓你破除盲點，自力救濟不求人。

一、工作上，斜槓的真實樣貌

工作上，如果你打算斜槓，有很多很殘酷真實的情況，請讓我先對你潑一桶冷水。

無論你是想要寫作、經營網拍、做直銷或賣保險……統統都會面臨到一個問題：你的一天只有二十四小時。這也是老天爺給大家最大的公平。

當你上班九小時後，再去從事其他兼差或者副業，工作時間會延長到十二小時，甚至更多。而這時，收入並不會因為你加倍付出便等比增加。

斜槓在一開始的收入是微薄到讓人毫無感覺的，你會住進「白工（宮）」，又大又寒冷，這時候能支撐你的就是有夢最美，希望相隨。你只能靠著熱情去支撐。

而這種過渡期大概多久呢？要多久之後，才能看到成績呢？我的答案是：**最快也要一年！**

拿我的寫作之路來說，一開始是沒有稿費的，刊登我作品的網站都認為「讓你這個無名小卒曝光，已經是恩賜了」。

網站每支出一筆錢，都牽扯到營運成本，他們寧願把稿費給已經成氣候的名家，總比押寶在無名小卒身上好。

後來，因為我的文章流量好，開始有專欄邀約，網站也願意付費。稿費和金錢是很實質的肯定，也是寫作者繼續寫作的動能。回首那段從沒半毛可拿進階到有錢領的路，我走了八個月。

所以當你在工作上開始斜槓，起跑時遇到了打擊，請不要灰心，因為**人人都如此，你並沒有比較差，你只是在走「斜槓菜鳥」的必經之路。**

斜槓之路，要記得把心態歸零。

就算你在原本的行業中是呼風喚雨的資深老鳥，走到新的路上，你就是重念小學一年級，一切不嫻熟，也不上手，跌跌撞撞或甚至哭哭啼啼都是必經的過程。每個孩子都是在這樣的情況下，適應了新環境。

功勞只有你記得，
老闆謝過就忘了

至於斜槓之路值不值得走一遭呢？我認為是值得的。

如果斜槓成功了，你在職場上多了一個救生圈，像是從擁有一條船變成有兩條船，假如不小心經營出數百條船，當了船王，就更讚了。

進一步來說，萬一原本的職場有狀況，你能秒跳船，不會因為被資遣而出現財務危機。

常言道，貨比三家不吃虧，當你有兩種身分時，你也能比較一下自己較愛哪一份職務，逐漸選擇出自己所愛的，人生也會更快樂。

如果斜槓失敗了呢？我覺得也是珍貴的收穫。

我在三十幾歲時，因為感受到職場危機，開了一家服飾店，基於過往能力備受肯定，我自信滿滿地認為開店應該是輕而易舉的事情。

在挑選店面時，我以挑住宅的標準去做選擇，找了一間非常清幽的店面——果然，生意非常冷清，每天門可羅雀，上門的客人寥寥可數，空氣中完全沒有錢的味道，收攤的號角聲倒是響徹雲霄。

半年之後，我斷然關門大吉，深深體悟到自己不適合當商人，因為自己長久以來當上班族，在獲利與成本的概念上太薄弱了。

我終於了解到隔行如隔山，貿然進入只會受傷慘重。

二、斜槓思考能讓你破除盲點，自力救濟不求人

接下來，進入第二階段的斜槓思考。

什麼是「斜槓思考」？在我看來，是把A這件事以B的情境來回答，也就是**站到另外一個角度來看困境，卡關的大腦便能突然海闊天空。**

比方說，關於職場的事情，我很愛從情場的角度來解答。

以我最常被問的這兩個問題來看：

「離職時，要不要講出真實的理由？」

「離職時，要不要說出我對公司有哪些不滿，讓公司好好改進？」

我們試著將「離職」一詞換成「分手」，把「公司」換成「男友」，句子會變成：

「分手時，要不要講出真實的理由？」

「分手時，要不要說出我對男友有哪些不滿，讓男友好好改進？」

句子改變後，不知道你是不是因此有了答案。

俗話說，分手的理由都是假的，只有分手是真的。離職也一樣。離職就是跑行政流程而

功勞只有你記得，
老闆謝過就忘了

已。你真心真意把真實的理由說出來，難道是期待衰敗很久的公司立刻改進，你因此被感動而繼續留任嗎？

一定不是，對吧！況且公司也做不到。

既然都要走了，大家彼此給情面，好聚好散。醜話說多了，日後難相見啊！

更何況你都要走了，未來這家公司好不好，都和你無關了，一如你的前男友們後來是當總統還是當上黑道大哥，也都不干你的事情了。把自己的日子過好，才是要緊的。

因此，當你在職場上面臨問題時，把大腦搖一搖，斜槓思考一下，將職場的情境換成感情的狀況題，就比較能看出問題在哪了。

我有位朋友空降到某家公司當主管，原本的主管被調離現職卻心有不甘。他處處針對她，時常冷言冷語，在行政流程上刻意刁難。她賣力討好，希望能讓彼此的關係好一點，但一點效果都沒有，對方的氣焰反而更加囂張。

朋友不解地問我：「為什麼他要這樣惡意？」

我的解答是：「**你卡了人家想要的位子，怎樣做都不會被喜歡的。他討厭的不是你，而是討厭位子被搶走，只是現在剛好是你而已。換任何人卡走這位子，他都會討厭的。**」

這情況就跟感情上，兩個女生愛上了同一個人，誰都想成為對方的女友，但位子只有一個，她們彼此怎樣都不會對盤。

認清楚別人討厭你的原因，不是你哪裡不好，而是人類求生存的競爭天性，你就會釋懷點，也不用浪費心力，熱臉去貼冷屁股地討好，讓自己更受傷。

在職場上斜槓，可以讓你多些選擇權，有選擇權的人生比較不會受悶氣，也可以瀟灑來去。

在思考上斜槓，可以讓你找到新的視角看事情，減少心情上的糾結。

無論是職場或者思考的斜槓，都需要花點時間練習，熟能生巧，人生路就能受益無窮。

阿米托福

有時候別人討厭你，不是因為你做了什麼，而是因為你卡了他想要的位子，如此而已。

他恨的其實是自己的無能，只是把情緒栽贓給你。

功勞只有你記得，
老闆謝過就忘了

被資遣，讓你更懂得找到適合自己的工作。

「離職要好好交接啊！不然等你下一家公司打電話來，我可不知道自己會說什麼，呵呵呵。」

刻薄的人會理直氣壯地把別人吃乾抹淨，業務部副總老許就是這樣的人。他會像擰抹布一樣把員工的剩餘價值擰乾，直到一滴不剩，才會笑笑放人。

老許所謂「體恤」員工的方法更是令人翻白眼。

「政府規定加班時間不能超過上限，大家早點去打下班卡，把工作帶回家做吧。早早下班，明天早點來上班。」

不要臉的話，他說得臉不紅、氣不喘，不讓公司吃虧，占員工便宜卻理所當然。每個月的業績數字是他的命脈，其餘閒雜人等都是草芥，可殺，亦可棄。

和老許當過同事的人都知道，他的眼睛看高不看低，屬下萬骨枯不足惜，狗腿老闆的事情，可萬萬怠慢不得。從清明掃墓準備熱呼呼的春捲到颱風天幫忙固定門窗，他親力親為，老闆的每件小事都是他最重要的事，也是讓他爬上副總大位的階梯。

阿柳在職場走跳多年，中年轉業，進了有錢途的業務部。但她對公司文化實在有許多看不順眼之處。

「你知道嗎？我們公司員工訓練要跳汪汪操、唱汪汪之歌，吃個尾牙得大聲呼口號，抽中大獎了，還要念出公司的員工守則。什麼鬼啊！」阿柳邊吃著仙貝，邊跟我抱怨。

轉眼，阿柳到公司一年多了，厭煩的感覺太強烈，她決定讓自己喘息一下，向老許請育嬰假。

老許劈頭就說：「請育嬰假？公司沒這個先例。你乾脆離職回家，好好帶小孩，不用請什麼育嬰假了，顧全大局！」說完便順手把假單退給阿柳，俐落又乾脆。

「我就是要請育嬰假，你不讓我請，就資遣我啊！」阿柳冷靜寡言，話如銳刀，句句鋒

功勞只有你記得，
老闆謝過就忘了

利。你狠，我比你更狠。

老許資遣了阿柳，死也不肯讓她請育嬰假。他擔心大家日後有樣學樣，前仆後繼地懷孕、生子，請假請個沒完沒了。

阿柳倒也真心想被資遣，與其水土不服地待著，不如拿錢走人。

最後一天上班，老許約談了她。

同事們你一言我一語地告訴阿柳，聽說老許在最後約談時總會羞辱人，比如：

「你人生的最高峰就在我們公司了，之後好自為之啊！」

「你離開公司後，以你的條件，大概找不到像樣的工作了。」

「少了你，公司一定會更好。」

阿柳也不是省油的燈，一進去面談室，就先發制人地拿出手機，說：「許總，我聽很多人說，你在離職約談時講話特別難聽，我怕我記錯，出去外面亂說，我現在錄音，把我們的對話錄得清清楚楚，保護彼此。你有什麼話要跟我說，就講吧！」阿柳說完便按下了錄音鍵。

老許看傻了，一開口，溫柔又親切，半句酸話也沒講。果然惡人沒膽，遇到鐵板就縮手。

阿柳被資遣後，順利找到了新工作。等任職滿三個月後，她發了封簡訊給老許，來了一記回馬槍：「許總，如果有人打給你，問我之前在公司的情況，請你好好講，不然我也不好意思對外說是你們不讓我請育嬰假，才資遣我的。」

面對像老許這種奸巧之人，阿柳表現得機智又大膽。事實上，她是被屢次的資遣訓練出來的。

她曾四度遭資遣，而每一次資遣都讓她獲益良多。

第一次的資遣發生在二十幾歲。

「我在電視台做節目，背後老闆是大財團，員工都覺得可以在那邊養老，結果老闆把公司賣了。老闆等到年後才資遣大家，給了不錯的年終與遣散費，他還到各部門說抱歉。那次的資遣感受是好的。」

回憶起第一回遭遇資遣的情況，那次經驗影響了她對職場的看法，她說：「那時驚覺到，就算是業界大品牌的養老公司也可能不要我，從此我有了危機感，了解到**不能依賴公司**。後來，我在工作上的危機感一直很重，只要環境太舒適，我就會感到恐懼。」

對阿柳來說，資遣是一時的，影響卻是一輩子。

功勞只有你記得，
老闆謝過就忘了

第二次被資遣也是因為公司易主。公司虧損很久了，員工們都感受到那股即將「收攤」的氣氛。

「老闆口袋深又體恤員工日後的生計，不僅資遣費給得很不錯，還有精神撫慰金喔！」阿柳得意地說著，像是發了筆小財，樂得呵呵笑。

「你怎麼有辦法老遇到要收攤的公司？兩家大媒體收攤，你都碰到，真的很強。」我佩服起阿柳的強運與強命。

她回我：「我才遇到兩次，跟我周圍的人比起來真的太少了。我有個朋友被資遣的經驗超豐富，你聽過的關掉的媒體，她都待過：真相電視台、明日報、大成報、壹電視……她統統碰上了，有這樣的資歷才有資格說是走到哪，收到哪。」

原來不只一山還有一山高，一山也有一山低啊，至於是高是低，就看你怎樣解讀。

這次被資遣後，她開始仔細研究勞基法。

「**當你無知的時候，就會被恐懼吃掉。**兩次被資遣，我媽都叫我不要去領失業給付，擔憂我留下紀錄，對將來找工作不利，瞎說勞保年資會因此歸零。其實這都是錯誤觀念！我每個月都在繳保費，為什麼我們不能去領失業給付？你保了保險，有需要時卻不請領，這樣對嗎？」

阿柳的心得是**人在搞不清楚情況時，容易自己嚇自己，後來她遇到不懂的事情就查資料，拒絕道聽塗說。**

第三次資遣是她對槓老許的故事。

此時的阿柳已經修練成精，從柔弱的小倩變成吃人的姥姥，可以氣定神閒，光明磊落地拿出手機錄音，以一夫當關、萬夫莫敵的氣勢，嚇死講話刻薄的主管。

第四次被資遣，又是公司被轉賣。

在員工的協調會上，當同事們惶惶不安時，阿柳見多識廣地說：「資遣這種事情也沒有什麼大不了的。大家都被資遣過，對吧？」

同事們卻紛紛搖頭，說：「沒沒沒，我們沒經驗。你常碰到嗎？」

一時之間，阿柳成了大家的資遣顧問，一堆人圍著她詢問流程與權益。

對上一代的人來說，資遣是他們很少碰到的事情。

過去，一份工作可以待一輩子，如今企業縮編、買賣易主太頻繁，加上數位衝擊，穩定的工作將逐漸成為鳳毛麟角。

功勞只有你記得，
老闆謝過就忘了

有一大堆書在跟你談「如何好好就業」、「如何升遷」、「如何和主管相處」，卻沒有人與你談談「如何面對被資遣」，好像資遣不是工作的一環一樣。

但事實上，在這個無穩定職場的時代，企業自己都朝不保夕，資遣的狀況隨時可能發生，社會的價值觀卻還停留在過去，認為「被資遣就是你不夠好」，使得被資遣的人壓力更大，所以我一定要來導正觀念。

被資遣，究竟有多普遍呢？

我研究所念的是名校的在職專班。基於保護校譽，我就不寫出全名，我簡稱政×，你也可以說是×大，相信這樣的寫法，你一定沒猜到我念的學校是政大吧！

班上的同學有十多人，都是企業菁英，頭銜一個比一個大，然而在這群人生勝利組之中，有五到六個人被資遣過，占比高達一半！當然，我這些同學的工作能力沒有問題，品行也沒問題。

所以請大家以平常心看待資遣，不要把這件事汙名化，它就像找工作、面試、升遷、退休一樣，都是職場的一環。被資遣更可能不是員工的錯，會發生的情況有幾種可能：

一、公司的業務縮編

在這年頭，許多公司為了要存活而拚命設立新部門，想找到新的營運方式，如果母公司財力雄厚，則會大舉招募人才。很多人爭先恐後地去應徵這些新創部門，期待能捷足先登，卡個好位子。

但新創事業往往是一種賭注：賭贏了，公司麻雀變鳳凰，員工跟著吃香喝辣；萬一賭輸了，不堪年年破財之下，很可能整個部門被裁掉——在這種情況下，被裁員真的不是你的錯。

不僅新創事業可能收攤，老字號的大公司也常因經營不善或者老闆亂投資而關門大吉，就算你是超級敬業的員工，也會被掃到颱風尾，被迫收包包走人。

所以，當親朋好友被裁員，請不要潑冷水。陪他們一起走過低潮期，才是真的好朋友與好家人。

二、公司的派系鬥爭

公司裡總會有派系，最明顯的就是新官上任三把火，第一件事情就開除掉前朝元老，免

功勞只有你記得，
老闆謝過就忘了

得將來叫不動、不好使喚。換上自己的人馬，好調度又不容易窩裡反地扯後腿。所以若血統不純，再好用的員工也沒用。

每次政黨輪替時，閣員跟著總辭就是這個道理——就算什麼都好，只要顏色不對，一切就都錯了。

三、公司的營運據點外移

近幾年，許多公司把工廠外移到中國大陸、東南亞國家。工廠都收了，員工也只能四散，這種情況下，被資遣當然也不是老員工的錯。

四、老闆財大氣粗，資遣員工不手軟

資遣員工是公司的權力。老闆只要願意付資遣費，心情不好就可以資遣人。職場上常有暴君出沒，反正公司品牌大、薪水高，不怕找不到人才，隨時可能叫員工當場走人。遇到這種老闆真是伴君如伴虎，早點被資遣才能長壽，繼續跟著一定短命。

被資遣的情況有非常多種可能，當家人或者朋友遇到時，請不要責備他，他比任何人都不想發生這種事。

請耐心等候他找工作，不要每天關心詢問。找到工作，他自然會去上班，沒去上班就是還沒找到，非常容易判讀。

如果被資遣了，記得一定要領資遣費，這是你的權利。

也一定要去領失業給付，因為這不是政府給你的救濟金，是從你每個月繳納的保費而來。任何保險都是在你出狀況時解救你、舒緩經濟壓力的，你當然要理直氣壯地去領取。

職場上，柳暗花明又一村，被資遣了，轉身換家公司也許賺更多，大家莫急、莫慌、莫害怕。

待業時，不代表你找不到工作，你只是經過資遣後，更懂得找到適合自己的工作有多重要而已。

功勞只有你記得，
老闆謝過就忘了

阿米托福

我花了一下午，準備上電視通告要講的故事，採訪（騷擾）了一些朋友，終於覺得彩排腳本時，可以侃侃而談。

每個哏都是彩排。唯有好好準備，才會表現得好。那些看似輕而易舉說出來的笑話，從來都不是容易的，是神助，也是努力。

神給好運，你要更努力，不輕易浪費。

成功只有兩步：第一步，和堅持到最後一步。

人生的路從來不是你設定好軌道之後，就不會偏離。

我的好朋友大鼻，人生路在三十八歲那年完全離開了航道，從日復一日的上班族變成創業的老闆。創業老闆聽起來很威，其實是每天都在想辦法活下去的校長兼撞鐘。

讓大鼻想從職場上班族跳船的事件是一場海嘯，不是天災地變的海嘯，而是「金融海嘯」。

二〇〇八年的全球金融海嘯，不少企業被吞噬、消失了，沒被淹沒的公司也只剩下半條命，為了生存，只好裁員、縮編。

許多拿一手好牌的人生勝利組，也面臨抽鬼牌的命運，中箭落馬收包包回家，這無關你

功勞只有你記得，
老闆謝過就忘了

優不優秀，是大環境使然。

回憶起當時的情況，大鼻嘆口氣說：「很多優秀的學長姊在科技大廠，都被資遣了。大家都會慌、會怕，擔憂下一波裁員，會不會輪到我？」

「兔死狐悲」這句成語最適合用在職場，眼見同事被資遣或被逼退休，受創傷的不僅是當事人，還有其他被留下來的人——縱然沒輪到自己，內心也膽寒，甚至會開始思索是否該趁早跳船。

大鼻想著，四十歲以前不轉換跑道，就走不了了。

大鼻從小成績優秀，大大小小的考試都得心應手，從附中、清華、交大一路念到博士，在工研院做了十三年，每年固定調薪三到五趴，這輩子能賺多少錢都能精算出來。這種按按計算機就可以得到答案的人生，大鼻也覺得挺好的。二〇〇八年金融海嘯的資遣潮讓他感受到計算機可能會突然故障歸零，雖然他眼下的日子風平浪靜，底下也許藏有不少暗流和漩渦。

他不想在風暴中坐以待斃，為了突圍，他丟出離職單，頂著交大博士學歷的他創業賣——披薩！家人和朋友們都好吃驚。

媽媽對他碎念不斷，「好好的頭路你抹做，跑去跟人家賣什麼披薩。」

媽媽不理解，從小家裡最會念書、一路拿獎狀的孩子，怎麼突然想去賣披薩。

老同學們對他這樣的職場轉折也覺得不可思議，「你瘋啦?!」木已成舟，大家也只能力挺，到店裡捧場，畢竟這個人生急轉彎很不容易。

草創時，整間店的日營業額不到五千，他甚至得借錢付員工薪水，也曾因租金漲得太高而不得不遷移。

高學歷名校轉行的故事，怎樣都有哏。媒體爭相報導，各大新聞台爭相採訪，甚至連綜藝節目都邀請他去錄影。

「我從研究八吋晶圓，變成研究八吋披薩。」一樣是八吋，產品大不同。電視上，大鼻有模有樣地解說。「廚房等同實驗室，我試了好幾斤的麵料，每天都在試吃。」試吃是品管，「披薩博士」連談行銷都飄著理工宅的味道。「我把ＳＯＰ導入了披薩的製作過程，這樣每一片披薩的差異性不大，良率就會高。」

披薩就披薩，還良率哩！聽到大鼻在節目上這樣說，我們哈哈大笑。

從做面板變成做麵皮的他，以工程師的角度控管品質，複製開店系統，逐漸上軌道後，

功勞只有你記得，
老闆謝過就忘了

他拓展加盟點，希望這能成為更多年輕人的事業。

從台灣到中國大陸，西進讓他越來越忙，過去我們還能在電視上看到他，後來他越來越少出現在朋友圈，成了我們口中的「國際商務人士」，飛來飛去。

對於想創業的人，大鼻有幾個提醒：

一、不要被社會對服務業的歧視打敗

「台灣社會的階層觀念認為，開店做生意的不用高學歷。」

對此，大鼻有很深的感觸。以前他在工研院工作，收入穩定，加上還是個理工科博士，社會地位與收入都不差。可是當他跨足餐飲服務業之後，大家看他的眼光就變了。

他聽過不少這樣的評論：「賣東西又沒什麼難的，誰來做都可以。」

我另外一個好朋友詩詩擁有碩士學歷，從媒體記者轉行開店賣衣服，她也感受過這樣的歧視。

貴婦媽媽是她熟識的老客人，有一回帶著女兒去店裡買衣服，對詩詩說：「我幫你介紹個對象好不好？我認識一位窗簾師傅，高大帥氣，認真又上進，他在通化街有好幾間店鋪，是很棒的好男人，連我女兒都很喜歡他。」

「那你怎麼沒讓他們認識看看？」詩詩順口接話。

貴婦有點不好意思地說：「喔，因為我家女兒念到碩士……窗簾師傅學歷不高，兩個人恐怕不適合。」接著又說：「因為我看你也是做生意的，跟他應該比較合得來。你們如果交往了，你賣衣服，他賣窗簾，這樣很有話聊。」

詩詩笑了笑，沒說什麼，內心想著：「我也念到碩士，不是做服務業的人就沒有念書好嗎?!」

聊到這裡，詩詩感嘆地對我說：「我只想告訴大家，別用職業或學歷評斷一個人內在的斤兩，當你發現菜市場的阿姨都比你更知道客人想聽什麼、想買什麼，挫折感超深！他們比你更了解這世界的運行規則，比你懂得更多。」

在許多人心中，服務業的社會地位較低，覺得好像不用念書就可以做，因為服務業的性質就是要服務願意花錢的人，使得付錢的人不自覺會有一種高人一等的優越感。

「不管你做得多麼努力，別人很容易用一種帶點輕蔑的口氣稱呼你：『啊~你是賣吃的。』『喔~你是賣衣服的。』」大鼻說遇到職業歧視時，千萬不要玻璃心，他都會給自己打氣：「看著好了，等有朝一日我展店無數時，**所有的批評都會變成讚賞。**」

功勞只有你記得，
老闆謝過就忘了

念書是紙上談兵，銷售才是真金白銀的戰場。

二、創業不用打卡上班，但也永遠沒有下班

「大鼻，以前你工作時間和作息都那麼規律，開了披薩店以後，全都變了吧？」我好奇地問，因為眼前的大鼻儼然一副老闆樣，和過去的理工宅氣質完全不同。

「是啊，以前上班只要工作九小時，下了班就干我屁事。現在則是無時無刻不在上班，每分每秒都在想著店裡的事情。」大鼻說得很生動。

「我每天四處找投資人，跟想加盟的人介紹披薩店。」他發覺行銷學問很大，「上班時只要把事情做好，現在財務、稅務、人事、法規等，自己統統都要懂。開店以後才知道，不是東西好吃就自然會賣，還要會行銷。**以前接到信用卡和貸款行銷的電話，我會直接掛斷，如今我都會和他們聊一聊，還會順勢問他們要不要來我的店吃披薩。反正我是一有機會就講，一有機會就推銷。**」

大鼻的店因為有許多電視媒體幫忙曝光，對生意確實能加點分，但創業的艱難卻不會因為鎂光燈的照耀而變得容易。創業當老闆意味著：就算在家睡覺，鈔票也分分秒秒在燃燒。

三、創業後，常常難以兼顧親情

「創業就是覺得可行就衝了，想太清楚就不會做了。不真的下水，也不知道水有多深。」大鼻認為頭都洗下去了，就會拚命想辦法。

「我常常飛廈門，只要有人想了解、想加盟，我就飛走了，和家人的相聚無法排在第一。甚至有時候家人想和我見面，還得預約……」當加盟店拓展到了大陸，親情也只能放在事業之後。大鼻的語氣藏不住遺憾。

這幾乎是每個創業者都會遇到的情況。

「那媽媽還會念你嗎？」我知道大鼻和媽媽的感情一向很親。

媽媽一開始是反對的，現在也會帶朋友來吃店裡吃披薩。

「我媽的關心就是怎樣都能碎念啊！」他傳神地模仿著。

太早出門，會被念：「就是開個餐廳，這麼早出門是要幹什麼？」

太晚出門，會被念：「睡這麼晚，中午之後才出門，是要跟人家作什麼生意？」

太晚回家，會被念：「是作什麼大事業？要搞到半夜三更才回來！」

太早回家更慘，「這麼早回來，我就知道，生意不好對不對？」

每句碎念都是愛，也都是牽掛。

功勞只有你記得，
老闆謝過就忘了

從前他是沒事吆喝大家聚會、每天講笑話的陽光少年，如今想和他聚會得提前預約。我問大鼻：「你覺得你現在成功了嗎？」

他搖搖頭，覺得離心中的理想規模還有段距離。但他堅定地說：「**成功只有兩步：第一步，和堅持到最後一步。不管當初的決定對不對，既然都做了，就要讓它變成對的。**」

阿米托福

最珍貴的好朋友是，當你什麼都還不是時，陪你一起爬行天堂路，在彼此都很渺小的時候，一起往高處爬，一起互相拉抬彼此一把，一起走向高點，在高點上一起傻笑說：「靠夭！我們真的辦到了耶。」

夢想的路很辛苦，堅持是唯一的路，堅持的心法就是：「繼續走，賴活著，不小心就抵達了。記得要永遠，賴活著。」

黃大米的人生相談室（三）

遇到難題了？
歡迎來坐坐！

Q 如果要設定離職日期，你有什麼建議的標準嗎？

每個產業審視忠誠度的標準不同。

比如，在電視台工作的人很愛跳槽，跳槽才能加薪水，所以媒體業能接受你常跳槽，設定的日期就可以是半年、一年。

另外像公關公司，能待個一到兩年，基本上就表示你很耐操了，因為這行真的是無敵霹

功勞只有你記得，
老闆謝過就忘了

靂操，有夠累的累。

如果一個行業很忙碌、很累，流動率很高，基本上都較能接受半年到一年就跳槽的資歷。但在傳統產業，可能要待個三年到五年，才會算資歷完備。

不同產業有不同的標準，先做點功課，了解想去的產業是怎樣的文化與價值觀。最快的辦法就是去聽這個產業的人資演講，便能一探究竟。聽的時候，勇敢舉手瘋狂發問，私底下繼續追問。如果他回答得很棒，順手換個名片，寄份小禮物表達感謝，他一定會對你留下深刻印象，願意幫你留意合適的職缺。

最安全、又無得失心的離職，首推騎驢找馬，除了在經濟上比較不會有壓力之外，當人資問你為何要跳槽時，你也能甜美地說：

「因為我非常喜歡你們公司，尤其你們的某某產品，在市場上非常具有競爭力……（以下省略八千字，影片快轉三分鐘。）」

這段話的重點是：我對貴公司很了解，因為深愛新歡，才忍痛揮別舊愛。

Q　主管因為生病，變得很情緒化，我非常受不了就離職了。新公司如果問起，我該怎麼說呢？

我們都不喜歡和成天抱怨、很負能量的人在一起。跟愛抱怨的人講話，會看到烏雲緩緩飄過來了，聊久一點更覺得印堂發黑，元氣被耗損。

所以，面試時不要講前公司的壞話，人在說壞話時的神情，都不太好看。

另外，每家公司都有每家公司的問題，沒進去一家公司待個三個月、半年，很難斷定自己是否從小火坑跳到了大火坑。

你去面試為的就是錄取，讓面試現場的氣氛洋溢著真善美，一片和樂，才是正確的。

至於你在問題中提到的：要怎樣呈現主管的情緒化，又不會失禮呢？

建議你鋪個哏，講個故事，一臉祥和、溫婉地說：

「我在公司三年，當時我的主管人很好，我跟著他學到很多。後來他家出了點事……」

功勞只有你記得，
老闆謝過就忘了

（有沒有出事，你不用管，「出事」這個詞很好用，可大可小，而且很模糊——「出山」就比較具體，建議不要用。記得講到「出事」兩個字時，表情要哀傷，但不要掉淚，掉淚戲分太重，會嚇到面試官。）

括號的字太多，你應該已經忘了我剛剛說什麼，你看人就是這樣容易分心、容易被轉移焦點的動物。總之，你要表達的意思是：

主管昔日很讚，後來家裡出事，常常需要看身心科，個性變得易怒、陰晴不定，你上班常常提心吊膽。讓你有壓力的不是績效，而是主管。你想了很久才決定離職，但你真的很感謝這位主管過去曾經教你很多。如果他沒出事，真的是很好的人呢！

好了，戲演到這裡就可以了。你沒有說謊，但也充滿了人性的溫情與關懷，就算沒得分，也不會失分。

喔！我似乎聽見你打從心裡吶喊：很希望這位主管去看醫生！

這是你主觀的認知。也許你的主管在地球的某個角落會跟朋友說：「可以盡情發脾氣的上班生活真是太舒暢了，我要保持直來直往的個性，才不會內傷。」

即使對於同樣一件事情，每個人的詮釋也都不同，萬萬不要以為在這世上，大家的想法都跟你一樣。

你的標準是你的標準，不是大家的標準。因此，再爛的人也會有朋友，就是這個道理。

Q 我該不該去考公職？

在湧向大米的提問中，最常出現的問題是：我該不該去考公職？例如——

「我三十歲了，工作不上不下的，要不要去考公職？」

「我剛大學畢業，家裡要我考公職。我該去考嗎？」

「我想拚公職一到兩年，這段期間靠爸媽養我（或者女友養我），我壓力好大。考公職，兩年會上嗎？」

功勞只有你記得，
老闆謝過就忘了

坦白說，我不是神明，無法讓你擲筊問未來。

至於考不考得上，除了你自己努力了多少之外，你的資質、你的身體狀況和精神狀態、你選的類科錄取率高低等等，有太多太多的變項在影響。可以鐵口直斷你會上／不會上的人，要不就是神仙，要不就是神棍。

因此，你的問題，沒有「人」可以解答，就算是「神明」最多也只能預測。每年的國運籤都不一定準了，是不是！

平心來說，想考上公職最大的關鍵點是：你有「多拚」，以及「多想要」。

我的家人統統都是公務員，公職的好處，我從小看在眼裡。最大的優點是人生穩定，不用擔心失業。時間到了，薪水就會進戶頭；時間到了，退休金就會撥款，活得久，保障多。雖然福利與過去相比縮水了不少，但還是比私人企業穩妥。

我的爸媽跟哥哥都很喜歡過安穩的日子，我很堅定地不喜歡。年輕時的我野心太大、夢想太多，壓根不想從事公職。而現在呢？在職場拚搏很久後，突然覺得公職挺不錯的。

光是同一個我，不同時期對公職的想法都不同，身為一個跟你沒有接觸過的外人，我怎麼有辦法幫你評估呢？

考公職和換工作一樣，都有成本。事實上，任何選擇都有成本與成敗，問題是你想不想賭。

如果你真的很想要，你就會拚下去。

人生是你自己的，阻擋你不去拚搏，你會很痛苦，你會怨懟，甚至根本阻擋不了。

若你內心並不渴望公職，去補習也是浪費時間和金錢，因為當你在補習時，腦中會想著：「這是我要的嗎？」「人生就這樣嗎？」

如果你常如此自我懷疑和茫然，請容我掐指一算，果斷地說：「施主，你與公職的緣分未到，阿彌陀佛。」

人生走什麼路，做什麼工作，如同去飲料店點珍珠奶茶，有人喜歡全糖不加冰，有人堅持去糖去冰。

年輕時你愛喝的飲料，也不見得一輩子喜歡。年紀大時，你的口味可能會改變。

所以「考公職好不好？」「我該不該去考公職？」答案還是交給你自己。

請跟自己獨處，想想自己有多想要當公務員，我相信你會有自己「客製化」的答案。

功勞只有你記得，
老闆謝過就忘了

至於要怎樣準備考試，《聯合報》的公職版寫得非常非常清楚以及非常好，歡迎多去看看。每一個考上的人，故事都很動人。

如今的我有一點點的成就，家人雖然以我為榮，但身為公務人員的他們，並不羨慕我的日子，他們覺得太辛苦了。

我覺得辛不辛苦呢？拚搏的當下不覺得，現在回頭看看，覺得也挺累的，雖然很熱血，人生很精采，不過再來一次，我可能會發抖。

以上小小分享，給你參考。

你要人生精采，還是安穩？

你的答案是？

4 感情翻轉

你想要的，真的適合你嗎？

我最大的興趣不是寫作，而是買衣服。

不管再累、再忙，一走進自己深愛的服飾店，我都會突然變成「金頂電池的兔子」，精力充沛，容光煥發地試穿。

有趣的是，原本在服飾網站上心心念念、勾魂攝魄的洋裝，等我帶著新台幣前往店裡，看到那件衣服的「本尊」，往往就冷了一半；試穿後，就更涼了，完全不適合，購買欲瞬間熄火。但是接著隨意在店內閒晃，有些看起來很不起眼的衣服，無聊之下亂試穿，卻意外適合與驚豔，隨即埋單入手。

所以，「看上的」和最後「帶走的」，常常是兩回事。

因為誤解而喜歡，因了解而捨棄。

買衣服教會我很多「人生大道理」（謎之音：愛買就愛買，哪來這樣多的理由，真是理由伯）：深愛的往往是錯愛，不愛的往往意外適合。

愛不愛，總比不上適合重要。

即使結果不如預期，過程好就好。

我曾有一段交往六年多的感情，男友劈腿，被我抓到。雖然沒有捉姦在床這樣精采的過程，但揭開欺騙的真相時，還是讓我非常非常傷心。

二十九歲的我，沒有妥協在年紀的壓力，斷然分手了。情傷讓我食不下嚥很多天，體重剩下四十二公斤，每天恍恍惚惚。

媽媽很憂心我會自殺；公司主管讓我放失戀假。姊妹淘痛罵他沒良心，覺得如果他跟第三者結婚，一定要去撒個冥紙熱鬧一下，拿著大聲公在喜宴餐廳門口播放台語經典歌曲〈不如麥熟識〉：「若要知影會變這款，當初不如麥熟識，如今新娘變成別人，叫阮怎忍耐，站在禮堂外越想越悲哀，你敢會凍了解，啊～祝你幸福，啊～祝你快樂，目屎已經忍不住滴落來……」

當然我沒這樣做，這樣做應該會上新聞或者爆料公社。

那陣子，朋友只要看到負心漢有報應的新聞，都會丟給我拜讀，讓我了解到被「棒殺」（台語）的不只是我。

如今回憶起這段感情，我對他只有滿滿的感謝。**我們只是沒走到終點的戀人，不代表那些年的相處沒有意義。**

在交往的六年中，他對我呵護備至。

當年，他要去大陸工作，離開台灣的前一晚，他拿了一本存摺跑到我的租屋處找我，真切地說：「我知道你不想拿我的錢，但我拜託你一定要收。我去大陸後，沒辦法照顧你，你一個人在台北，我不放心，你收下存摺，我會安心點。」

他交給我存摺後，就騎著摩托車趕回家去收拾行李。那一晚的感情多真摯、多動人，這些都是真的啊！

他是個非常細心與貼心的戀人。

功勞只有你記得，
老闆謝過就忘了

有一次，我在路邊攤看上一個髮夾，一問價格要兩百五十元，我拿起來看了看又放下，覺得太貴。

我們繼續往前逛著，他找了個理由，轉身離開，再出現時，手上拿著剛剛的髮夾，對我說：「我看你很喜歡，就跑去買了。店員說：『你是要買給女朋友對不對？她剛剛看這個看了好久，我算你兩百就好。』」

跟他交往的六年，是一段非常非常美好的時光。偉大的不是我，偉大的是他。

他談戀愛，都用盡所有心思與力氣。出生富貴的他最在乎的不是工作，而是愛情，任何女生和他談戀愛都是上輩子燒了香奈兒的香或者燒了ＬＶ的旗艦店給神明，才能這樣幸運。

後來，他跟當年的第三者結婚了。他們是真愛，我只是過客。**誰是正宮，會隨著時間或者很多情況的改變而易位。**

我遺憾嗎？還好！

我不遺憾失去他。

他很懂得照顧我，但他不懂我。我們可以一起生活，但他無法懂得我的腦。

我們在靈魂上有遠得要命的距離，那份不被了解的失落，總會如鬼魅般突然地冒出來。

有陣子，我的工作是幫百貨公司寫文案，他閱讀後總說寫得很好，我以為他懂。

有次我們走在街頭，他撿起路上屈臣氏商品DM，上頭的文字是每樣商品從299變99，他笑容燦爛地說：「你寫的文案就跟這個一樣，對嗎？」

剎那間，我眼前的風景凝結，我看到摩西劈開紅海，就在我跟他之間。

我愣在街頭，但他並未察覺我的失落與萬千情緒。他繼續快樂地牽著我的手談戀愛，而我卻失戀了。

你知道嗎？**大家都認為戀人之間有愛才能開始，矛盾的是，有時要無愛才能好過日。**我過去的戀情常常愛得太用力，因此患得患失，讓兩人都辛苦。

我可以跟他和睦快樂地相處，除了歸功於他的付出外，主因是我不愛他，所以我不會把愛捏得太緊、不會因為太在乎而讓愛情窒息。

我不愛他的事實，這六年來，我心知肚明。如果愛情有個光譜：從深愛、愛到喜歡，我對他的感情比較接近喜歡，而不是愛。他在我愛情的好球帶上，卻不是正中紅心。

我是個盡責的好女友，即便他出國工作，我依然守候，無懈可擊。

好險他劈腿了，謝謝他劈腿了，讓我往後的人生有新的可能，而他也因此有了美滿的婚姻。

功勞只有你記得，
老闆謝過就忘了

我和他之間的戀情過程很好，只是結果不是大家的預期，如此而已。

無論感情或人生，我們能不能從在乎「結果」，改為重視「過程」？不以成敗論英雄，大家的壓力也會小一點。

我們的文化非常愛以「結果」來論斷一切，但人活著的每一分、每一秒都是等值的珍貴。以終點來論斷一生的好壞，是不是太過於偏頗？**蓋棺可以回望一生，但不應該以蓋棺前幾年的狀態來論定。**

新聞報導寫著資深藝人在安養中心過世了。年輕時俊俏瀟灑的他曾是電視台當家小生，晚年時失意、獨居，令人不勝唏噓。

大概每隔一陣子，就會出現老藝人晚景淒涼，或者昔日偶像女星如今外型走樣崩壞，不再美豔如昔的報導。每次看到這種新聞，我都想著：到底有誰可以一直飛黃騰達，站在高崗上？誰可以永遠輕盈年輕，外貌永遠不崩壞啊？

不管你現在多風光，有天都會過氣或者老去。前浪一定會死在沙灘上，不然這世界就人滿為患了啊，是不是？

即使結果不如預期，過程好就好。

單身的我，一個人住，如果突然死亡，我可以想像新聞會這樣寫著：「震驚！作家黃大米心臟病發，管理員屢次按門鈴無人答應，會同警察開門，才發覺她已經死亡多日。消息傳出後，黃大米的粉絲團上湧入許多粉絲留言，對她的離去感到不捨。」

（自己的死亡報導自己寫，老娘我不假手他人，大家到時候就這樣抄吧！我ＯＫ的。）

媒體可能很好心地將我的頭銜升級為「知名作家」、「暢銷作家」，無條件升等我的成就，以鋪陳孤獨死的哀傷。落差越大，越有新聞性。

但你真的會覺得我的人生很哀傷嗎？

我一生玩耍得很過癮、工作很有成就感、得到許多粉絲的喜愛，這些光輝與溫暖，讓我覺得活著很好，很有意思。

玩耍人間一趟，非常過癮，怎樣死、怎樣離開，都無損活著時的精采。

人的一生就是搭車看風景，再美的風景，都是過程，我們都會下車。過程好，就值得被肯定。

記憶是最美的寶石，當下的溫暖都是真的，不因後來風風雨雨而折損光輝。

功勞只有你記得，
老闆謝過就忘了

阿米托福

關於那些愛你的人，沒有為什麼。

關於那些不愛你的人，也沒有為什麼。

年紀大了後會知道，把目光聚焦在不愛你的人，對方也不會變得愛你，越聚焦越是傷害。不如多看看那些愛你的人，他們不需要你幹麼，就自然愛你，也說不出為什麼愛你。

只有活在被愛裡，人，才會有光彩。職場、情場皆如此。

唯有愛，才能精采綻放。

和一個人相戀，等於選擇了新的生活方式。

「我上次去參加的那場聯誼，其他女生的外表、儀態都很好，打扮得很漂亮。」小如說著聯誼的戰況。

我說：「哇！你遇到強勁的對手了。有打敗她們，得到當天的人氣王嗎？」

聯誼規則我很懂，姊姊我也是聯誼飯吃到會發胖的那種。聯誼玩的哏數十年如一日，因為遊戲從來不是重點，何必費心翻新。

小如拿下眼鏡，以一種就算近視也能看清局勢的態度，輕鬆地笑說：「女生素質那麼強有什麼用？當天的男生都很普通啊！就算勝出了也會空虛。」

功勞只有你記得，
老闆謝過就忘了

她接著說：「算了啦！也許男生們也認為參加的女生不怎樣。聯誼只要沒看對眼一個，就會覺得今天又盛裝去浪費時間了。」

三十五歲的小如是單身貴族。

這年頭，女人就算過了三十歲，樣貌仍與二十多歲的妹仔相差無幾，儘管如此，身分證上的出生年分仍讓人心焦。眼看青春像流沙般從指尖無聲無息地滑落、消失，一寸光陰便是一寸社會壓力。

追求愛情豈能坐以待斃，小如決定拚了！有約就去，有介紹飯就吃，至少見面多一次，機會多一分。

男生A說：「我今年一定要結婚，你應該也很想結吧？」

第一次見面就談結婚，這是在演哪齣？小如急忙打斷他的熱情，回說：「我還好，還是要先多多相處，交往看看。」

男生A滔滔不絕地說著，結婚事早就準備好。「很多人不懂婚禮的禮俗，這些我都有研究。你知道嗎？婚宴上舅舅坐主桌是習俗上的誤會，這是不必要的，因為……」

真是「吃緊撞破碗」，第一次見面就聽到〈結婚進行曲〉的配樂，女生會想落跑。

男生B說：「我篤信科學。科學可以掌控一切，能解釋很多東西。」

小如笑著反問：「你遇過科學無法解釋的事情嗎？」

B男先是強調科學的奧妙，緊接著聊起玄之又玄的「宇宙大爆炸」。小如神遊太空，一開始頗有好感，覺得可以試試看，越聊越覺得心冷。

不知不覺地，她已經吃了四、五十場聯誼飯、相親餐。人海茫茫，想要兩個人互看對眼難上加難。

「上次朋友介紹一個六十多歲的男人給我耶！」小如的語氣有點無奈。

六十多歲，與小如相差了二、三十歲。六十幾歲的人關心的是長照與失智預防，而三十幾歲的小如感興趣的是逛街、追韓劇，還有放長假時出國玩。雖然「年齡不是距離」的口號喊得響，實行起來卻大有難度。

「拜託，一想到假如跟他在一起，交往沒幾年就要陪他過七十大壽，我沒辦法。」

小如說得很無力，但實在太中肯了，我沒良心地哈哈大笑。在談笑之間，我突然意識到：**當你選擇一個伴侶時，你不僅是愛上了一個人，更是在選擇一種生活方式。**

若她愛看演唱會，你會跟著愛上五月天、張惠妹；要是他愛棒球，你會認識郭泓志、陽

功勞只有你記得，
老闆謝過就忘了

岱鋼，明白兄弟隊不是在混黑道的兄弟。**你的生活中開始有對方過日子的方式，對方的生活習慣也因為你而重新排序。**

拿我朋友老張來說好了，年紀三十好幾了，個性卻像個小學三年級的調皮男孩，全身上下沾滿幼稚。他的興趣是爬山、耍寶和帶團康。有天，永遠長不大的他遇到了真命天女，一切就變了。

女孩是個鋼琴老師，老張原本連五線譜都看不太懂，突然開始日夜聽古典樂、交響樂，細數音樂家巴哈、蕭邦和莫札特的生平。

我們猛虧他是為愛重新投胎，他總是笑嘻嘻地說：「沒有啦，我以前就喜歡聽鋼琴曲，也很愛聽演奏會，只是沒跟你們提過而已。我愛聽死了，愛聽死了。」

他戀愛了。

女孩與老張交往後，生活也有了巨大的變化。

音樂美少女的臉書上，ＰＯ文從演奏比賽變成陪伴老張登山的小旅行。兩人把七星山當後花園在走，山路不再陡峻，因愛而平坦順行。兩人的喜好交織成日常，陽光灑落女孩白皙的臉，那羞怯、甜美的笑容閃閃發光。

愛情如果合拍，就是這樣的愉快。

不過，並非所有的戀人都能如此幸福，交往之後的變化，往往不是一開始可以預料的。基金廣告常出現的台詞放在感情裡也成立：**「愛情有一定的風險，戀愛交往有賺有賠。相愛前，請仔細觀察對方的生活習慣」**。

對，請仔細觀察對方的生活習慣。為了降低情場血本無歸的風險，你要做的就是好好看清楚對方的生活方式、交友的圈子，以及他與家人的互動情況等，是不是你能接受、會喜歡的，幻想一下你能不能過這樣的日子。

了解對方的生活方式，你才知道他會帶著你往上提升，還是將你推入無邊地獄。

確定自己能接受，才往下走。一如我在一開始提到的小如，她知道自己不愛這麼快陪對方過七十大壽，也不想這麼早感受吃壽桃、互道「福如東海、壽比南山」的喜慶樂趣，便火速又直接地拒絕認識對方。

對自己的感覺負責，不因年紀與社會壓力而妥協，這是很正確的態度。

假若一開始覺得苗頭不對，就別勉強自己，因為你妥協得了一時，卻妥協不了一世。找到彼此心甘情願、互相陪伴過日子的人，就是圓滿，就是幸福。

功勞只有你記得，
老闆謝過就忘了

阿米托福

在這個把「外表」當商品的時代，我還是認為迷人的大腦與正派的人品，才是經典的魅力，永不褪色，歷久彌新。

愛上一個人可能是因為一張臉。離開一個人，說到底，還是因為「個性」。

懷念一個人，一定是因為她／他的「個性」，而不是「臉蛋」。

和一個人相戀，等於選擇了新的生活方式。

成熟大人要接受別人不要你的好。

「你知道嗎？我有任前男友跟我提分手的理由是『我不會餵他吃東西』，讓他沒有戀愛的感覺。餵他吃東西耶！什麼東西啊，他有手耶！幾歲了，還要人餵吃東西，是幼稚園大班嗎？」

舊愛很白痴，當時自己也愛得白痴，小薇說著昔日的戀情為何分手，理由聽起來好幼稚，我們忍不住笑了。

一群女生聚餐時，免不了公審前男友，兩人即可升堂，三人就是民意調查，四人則成為全體人民共識，應該要送進立法院修法。

功勞只有你記得，
老闆謝過就忘了

「我真的沒辦法在公共場合，你一口、我一口地互相餵吃東西。這是在演哪一齣偶像劇？他居然因為這樣要分手，我不具備餵人吃東西的技能，但我可是會幫他推輪椅的人耶！會推輪椅比較重要吧，是不是，是不是?!」

小薇是個有情有義的女生，雖然沒有刺龍刺鳳，但她說的每句話都像斬雞頭立誓，一言九鼎，以心為憑。例如：

「跟你說好的事情，我就不會忘記！」

「好！我挺你，我一定到！」

「做人就要有理想啊，做對的事有什麼錯！」

我相信以小薇的個性，在婚姻中，絕對是好太太，不僅顧家，還會守候病床前的明月光、把屎又把尿，但對她當時的男友來說，這太遙遠了，遠到像是下輩子的事。

人只要沒碰到，就認為自己不會衰到，一如我年輕時是吃不胖的體質，年紀到了，就變成瘦不下的體質。這就是人生啊，不是不報，只是時候未到。

要只想甜膩談戀愛的人懂得珍惜會把屎把尿的女生，這真的太難。他可能會對你說：

「我們可以先談談戀愛，甜膩膩地餵來餵去就好嗎？我只想買愛情的簡配，不想要生老病死的全配。」

成熟大人要接受別人不要你的好。

談戀愛和結婚是兩個不同的戰場，兩者間有交集，卻不完全重疊。

愛情的市場主力推手是感覺、是外貌、是財力、是開心，越年輕時談的戀愛，越重視精神層面。物質的重要性則隨著年紀而遞增。

但是在婚姻裡面，從見雙方父母開始，就是一場買賣，談的是你家聘金給多少、我家嫁妝給多少。婚姻裡可以沒愛情，但一定有數字在變動。柴米油鹽的第一步就是婚宴上的錢怎麼攤提、禮金怎麼分。

分錢是婚姻中的日常，不分錢，無以繼續，小到菜錢，大到買房，你家、我家從來不是一家。

很多時候我們對人的好，是從我們很主觀的視角與價值觀去給予，但那份好，卻可能不見得是對方想要的。

不信，你看看自己，是否有時候也很受不了爸媽對你的好。

人與人之間要好來好去，「願意給」和「願意收」同等重要。

我有一個同學叫阿彩，她真是能幹，工作上不管什麼任務交給她，她都能搞定。然而看過大風大浪的她，唯有情關過不了。

功勞只有你記得，老闆謝過就忘了

每次提到前男友，阿彩總是細數著自己對他有多好，來凸顯前男友離開她是多沒智慧。她付出越多，更顯得前男友越爛。

「他就只會當醫生、只會念書，什麼交際應酬都不會。當時他想開一間聯合診所，是我去幫他洽談其他醫生，診所的裝潢也是我找的。這些事情，我統統幫他處理好了，後來他竟然不要我耶！」

真心換絕情。人一旦絕情，就不會顧你的感受。

「分手後，我跑去找他，他居然立刻把診所鐵門放下來，我一路哭回家。」

鐵門隔絕了見面，也輾壓死阿彩的心，從此雙方老死不相往來。

「人啊，還是有報應的。他的聯合診所沒有我幫忙打理，最後沒開成。裝潢都好了耶，只能退租，他只能繼續當個小醫生。哼哼哼，你說，他失去我是不是很可惜！」

即使隔了多年，阿彩一提到這段戀情，總以這段話收尾。

我猜對那個醫生來說，應該不會覺得可惜。

每個人在做出決定的當下，一定覺得這個決定是對自己或者大局最有利。

也許，阿彩的前男友也在某個角落談論著：「我曾經有個前女友好能幹、好可怕、控制欲好強，所以我決定分手。當時還因為太害怕她糾纏，我不得已只好放下鐵門，幾天都不敢看診。」

愛情這種東西，就是一段戀情，各自表述，毫無共識。彼此說的都是真的，只是價值觀跟視角不同，聽起來就像兩個故事。

而無論多揪心的事情，當時一切說來話長；隨著時間過去，變得三言兩語就能道盡一切的不容易。最後就剩下幾個字：

分了！

沒聯絡了！

成為一個壓縮檔，最後連解壓縮出來請別人評評理都懶。

我們常以為自己的善意，該被善待。但每個人要的愛情模式都很不同。

有人要甜言蜜語，有人愛霸氣總裁，有人愛貼心顧家的暖男，有人見錢眼開。所以**在一段戀情裡面，我們可以因為愛而對對方好，但也要能接受對方不要你這種好。**

你能給出他要的好，這段戀情才走得下去。

如果彼此之間對愛的語言和需求差距太大，走不下去了，減少彼此的耗損。見好就收很棒，**「見不好就收」更是大智慧。**

功勞只有你記得，
老闆謝過就忘了

阿米托福

談戀愛這事情，最後的結果只有兩種：要不結婚，要不分手。所以大部分的愛情都是拿來練習失戀的。

透過失戀，練習了解自己愛的罩門與地雷。每次失戀都是下次戀情的養分，化為春泥更護花。

唯有不期待天長地久，輕鬆以對，才能走得長久。

談戀愛請不要叫別人負責。

「你要負責！我們交往了這麼久，我的青春都給你了，你怎麼可以不要我？怎麼可以說走就走！」

電視劇裡的女主角哭喊、嘶吼著，如厲鬼索命，要對方給個交代，淚水、鼻水齊飛，再美的臉蛋，此刻都顯得苦情。逝去的青春是她曾握在手中的籌碼，一日一日地加碼，梭哈在這個男人身上，卻沒有拿到一張結婚證書。突然被判了死刑，她遭到天大的辜負……

這樣的劇情，在每齣戲劇中不斷上演著，傳遞出來的訊息就是：「我是女生，我的青春

功勞只有你記得，
老闆謝過就忘了

很珍貴，我將青春奉獻給了你，我的人生，你要負責。沒有走到終點，就是你害我的人生血本無歸。」

我對這樣的劇情感到很不解。

連小學生都知道，國中課本有教，高中課本也有說明：「歲月如梭，一寸光陰一寸金，寸金難買寸光陰，時間如河，快速奔流，沒有分秒止息。」

青春的珍貴，就是在於青春是留不住的。

青春是老天給你的禮物。你活在青春裡，卻無法將青春當禮物轉手送出。

如果沒有跟對方談戀愛，你就可以青春永駐，維持在十八歲或者二十五歲時的美好樣貌，那麼要對方負責還說得過去一點點。殘酷的是，無論有沒有和任何人交往，你的青春都會逝去。

青春如果能因為不談戀愛就留住，保養品公司和醫美診所應該都倒光了，不是嗎？既然如此，一段感情走到了結束，如果沒有被騙財，到底要如何負責？

當感情走到攤牌那一刻，你還想要對方負責，根本是台語說的「請鬼拿藥單——找死！」

把不愛你、只想逃開你的人放在身邊朝夕相處，這比義和團還勇敢。對方的冷漠會讓空氣凝結成透明的手，掐住你的脖子，令你痛苦窒息。**擁抱不愛你的人，如擁抱仙人掌，全身都會被刺傷。**

一段感情的開始需要雙方確認，分手只要有一方不愛就成立。

人性是自私自利的，當年無論你是受對方俊美的外表所迷惑，或者因為金錢等物質條件選了豬頭三，一定都是大腦經過評估後做出的最佳選擇，才會喜孜孜地展開戀情。既然這是當時的最佳選擇，要怪也只能怪當時的自己，而不是含淚要別人負責。**能負責你人生的人，只有你自己。**

「下好離手，願賭服輸，起手無回大丈夫。」這是在賭桌上常聽到莊家喊的話，憑直覺、憑經驗，每個人在下注的瞬間，都是衝破猶豫的斬釘截鐵。

人生路上的每一次選擇，像是在玩一場又一場的賭注。選擇之後，盡力把路走好，將沿途看到的風景在心上打卡留影，成為最棒的收穫，即便最後走到死路，也不枉費曾經看過的風光。

功勞只有你記得，
老闆謝過就忘了

陳淑樺有首歌曲的歌詞是「一段情寧願短暫精采，還是先去問他會不會有將來」，這兩種情況，不知道你會選擇哪一種？

如果你覺得結果最重要，記得在愛情的一開始，就跟對方說清楚，確定彼此志同道合，是以結婚為前提而交往。

但即便兩人口頭協定好了，也沒有人能保證你從此就過著幸福快樂的日子。

感情世界分分秒秒都在變化，結了婚，也沒有所謂永遠的贏家。人生這條路就像四季一樣，因為有春夏秋冬的變化而風景秀麗，也因為有變化而多風雨。**得到了不一定是福氣，失去了也不一定是災難。**

愛情說穿了，也不過是一種交易，只不過買賣的貨幣是「心靈契合度」，而不是新台幣。

當心靈契合後，也得靠一定數額的新台幣，才能生活得下去；每一個環節都可能讓愛起變化。

愛情一如股票，不是真心就會有結果。投資本來就有風險，你要能自負盈虧。

阿米托福

愛情沒有說明書，也沒有保證書，在充滿了不確定性的狀態下，還能雙方互信，擁抱安全感，這也是愛情最迷人的地方，

有句話很棒：結婚不一定能幸福，但離婚一定是有一方想過得更幸福。

拿得起、放得下的女人最有魅力，一如職場上，有本事跳槽的員工最有喊價的能力，保持著「我雖然愛你，但我不一定要跟你天長地久」的彈性。

與其要別人替你的青春埋單，不如好好打理自己的外表與內在，讓自己永遠閃耀，在市場擁有永不下市的競爭力，這才是最好的算盤，最聰明的買賣。

功勞只有你記得，
老闆謝過就忘了

你要的另一半，是「客製化」的需求。

阿珠的家庭幸福美滿。所謂的「幸福」，當然不是像活在真空瓶一樣沒有任何煩心事，而是功過相抵後，分數還是正分。

有一天，阿珠跟我說她老公因為理念不同，和主管鬧得不開心而離職了，先在家休息一段時間。

休息多久？待業多長？天知道！

我關心地問阿珠，「你老公待業，家裡在經濟上還過得去嗎？你會不會擔心？」

阿珠淡然地搖搖頭說：「不擔心。我相信我老公一定會找到工作的，只是時間的問題。

他忍耐前主管很久了，現在換工作，總比幾年後發現還是忍不下去再換來得好。也許這次他可以換到真的喜歡的工作啊！」

阿珠總是很樂觀，即便老公失業，也看不出她臉上有憂愁，淡定又淡然。

換工作這件事，不同年紀的心境是不同的。

二十幾歲時換工作，壓力比較輕。因為年輕，有大把青春可以慢慢找，一人飽，全家飽。人生在這階段只要對自己負責，肩上的負擔顯得較為輕巧。

中年人的失業，是有點心驚的。一來要養家活口，薪水上要求比較多；二來也因為要陪伴家人，工時不能過長，最好能週休二日，甚至離家的遠近、能不能照顧家人等條件也會列入考慮。

因此，中年人的待業時間往往比較長，壓力也會隨著待業的時間而越來越大。

日子一天一天過去，我不敢再過問阿珠的老公找到工作沒有，熱心的詢問只是徒增她的壓力。等她老公找到工作時，她自然會主動提起。

「不問」，有時候是關心最好的距離。

功勞只有你記得，
老闆謝過就忘了

某日，阿珠在LINE上興高采烈地敲我說：「我先生在家洗了棉被，拿上去頂樓晒太陽，晒完收下來後，他很有成就感地跟我說：『現在棉被都有太陽的味道囉，好香喔！』你說我老公是不是很可愛？」

我當然覺得她先生很可愛，但阿珠的態度更可愛。老公待業在家，她這個做太太的還能處處去發現老公的好與付出，非常有智慧與不容易。

我問阿珠，「你老公以前就很愛做家事嗎？」

阿珠回說：「他很愛喔！他很愛照顧人，我就是喜歡他這點才嫁他的。我年輕時談了幾次無疾而終的戀愛後，就深刻地了解到，我需要的不是一個老公，而是一個老婆。」

什麼意思？

阿珠解釋說：「我知道我的工作能力還不錯，養自己沒有問題，比起找一個事業很成功的另一半，我更在乎他是不是貼心，願不願意分攤家事，甚至一起照顧小孩。我不希望將來小孩的童年回憶只有媽，沒有爹！」

是啊，**每個人需要怎樣的另一半是非常非常個人的，那是「客製化」的需求。**

過日子如飲水，冷暖自知。盲目跟著社會價值去做選擇，往往會選到在條件上眾人稱羨，卻與自己格格不入的人。

看看阿珠，想想自己，我應該也是需要一個「照顧」型的伴侶。

經過多年的職場磨練後，我已經很能達成公司或者組織的目標。但是俗話說「時間花在哪，成就就在哪」，既然所有時間都花在衝刺工作上，做家事對我來說，難度比執行大型專案還高。

曾經，「女生到男友家該不該洗碗」這個主題引發網友議論紛紛，我的立場是反對女生到男友家就幫忙洗碗，理由是在過於討好之下，對方的家人把對女生的期待設定在高標，未來分數要往上攀升不容易，扣分的機率大增，日子就會比較辛苦。

我在臉書上寫下了對此的評論：「第一次到男友家就幫忙洗碗……拜託！我真的沒辦法做到。我平常在自己家都不洗碗了，甚至連洗手台都走不到就坐下來看電視，怎有辦法到別人家幫忙洗碗。」

下方點讚的朋友不少，有個朋友的留言則吸引了更多讚，朋友寫的內容是：「你真的不擅長洗碗，因為廚房洗碗的地方叫做流理台，不是洗手台。」這句吐槽很好笑，也很中肯。

我和阿珠也都曾經在尋覓伴侶時，追逐過世俗條件的期待，要找到一個強者、一個王子來解救自己，卻完全沒意識到在社會的打滾和磨練下，自己早就不再是那個只會躺著等待王子親吻的柔弱公主。

功勞只有你記得，
老闆謝過就忘了

我們已經變成花木蘭，可以東市買駿馬、西市買鞍韉，替自己想辦法補充配戴，剽悍到可以代父從軍。

這種能幹的女孩現在很多。當你已經很強時，你是否還需要一個更強的男生來罩你？值得思考一下。

工作能力很強的男性往往會花很多心思在事業上，能陪伴你的時間並不多，一不小心你就成為另類的「單親媽媽」，不僅要上班，還得一個人承擔所有家務與養育子女的責任，久了，一定會爆炸。

挑人像買東西一樣，最貴的不代表最能符合需求，最便宜的也不見得真的賺到了，有可能使用壽命很短，反而不划算。

所以靜下心來想想：**自己想要怎樣的人生伴侶？最核心、最關鍵的人格特質是什麼？**就能去除掉許多紛擾，少走很多冤枉路。

後來，阿珠的先生順利找到了薪水更高、工作性質也更符合他所期待的工作。

那段太太陪先生度過待業的日子，讓他們夫妻倆感情變得更好了，畢竟貧病相依，不離不棄的的感情是最珍貴的。

阿米托福

社會期待女人「應該」怎樣，往往不見得會讓我們幸福。有趣的是，你看看身邊那些擁有很多幸福的女生，往往都不太符合社會的「應該」。

唯有把自己內心的需求說出來，才可能得到自己要的幸福。

功勞只有你記得，
老闆謝過就忘了

關心是一種問，關心也可以是不問。

聯誼場上，女生們看到帥氣的阿龍就如同蜜蜂看到花——嗡嗡嗡，嗡嗡嗡，大家一起去做工——有志一同，花枝招展地在阿龍旁邊轉啊轉。聯誼當天「人氣王」投票結果出爐，阿龍高票拿下冠軍。

我對這個結果翻了白眼，表示不明白。我和阿龍太熟了，他除了長得高、說話幽默之外，到底有哪點迷人？（謎之音：這樣就很迷人了呀！）

是啦，頂著台大的學歷，有正當工作，在婚戀市場上若按條件勾選，也有個八十分，但我還是不懂這個阿宅有什麼天大的魅力，直到某次聚餐，我才發現阿龍真的值得女孩們去追。

那天，大夥熱鬧聚餐，小芳先離開後，把證件掉在餐廳裡。她打電話詢問我們走了沒，其實我和阿龍也早都走了，但阿龍二話不說，也不抱怨，就把車頭一轉，回餐廳去幫忙找。眼看餐廳快到了，我急忙說：「你停在對面，不要繞過去了，免得你還要多兜一圈，我下車走過去拿就好。」

我是個體貼的人，但在我說話時，阿龍已經把車鑽進難開的小巷弄，邊開邊說：「我開進巷子，你就不用走到對面去了。我這樣開很順。你人這樣矮，腿這樣短，別又多走路，變得更矮了。」

阿龍特地把車繞到餐廳旁，省去我必須走過馬路的路程。至於嘲笑我矮——哪是嘲笑呢？他是不想我覺得不好意思，就用這種幽默的方式化解。

我突然了解到阿龍的心有多柔軟。他情願自己累，也捨不得別人辛苦。這才懂了那些女孩為什麼這麼喜歡他。

搶手貨阿龍終於也結了婚。婚後，夫妻倆很幸福，他總是對我說：「我老婆是最棒的啦！」我聽著聽著又翻了白眼，阿龍真是有種白痴理工宅的FU。

一年、兩年過去了，他們一直沒生孩子。

高齡時生小孩這種事已經變成不是兩人睡一睡、「跨過去就會有」這麼簡單。常常是

功勞只有你記得，
老闆謝過就忘了

「跨過來又跨過去」、「跨過去又跨過來」，還是什麼都沒有，令人沮喪與無助。我們這群老友看多了人生風雨，很懂人情事故，都很識相地不問「怎不生個孩子」。中年人的友情是這壺不開，我們就不提這壺。

有一天，我傳LINE問阿龍：「我有一篇文章想要提到你，可不可以？」他給個笑臉圖，回說：「我都要當爸爸了，你還要這樣搞我。人生本來就苦，自從你寫作後，我就更苦了啊。」

我大笑了起來，驚喜地問：「你們有了？」

他說：「對啊！努力了很久。ㄟ～提醒你，以後找個年輕的男生結婚，不要找我這種老蛋的，老蛋很容易生不出來啊。」

我默默感動著。阿龍就是阿龍，他把生孩子的事情一肩扛起，心知老婆年紀比他大，內心壓力一定超大，所以他對外都把生孩子卡關的事怪在自己身上。多體貼的一顆心啊。

所謂體貼，是我看得到你的辛苦、知道你的難處，而我捨不得。

按照社會的期待公式是：二十幾歲時忙著談戀愛，三十幾歲時忙結婚，之後忙生小孩……但人生無法像數學公式，結了婚就會得到孩子。在生小孩這件事情上，我們的關心詢問，傳遞的不是溫暖，而是壓力。

好友庭鵑結婚時年紀不小了，大齡新娘在婚後的第一個挑戰就是：「結婚進行曲」還沒演奏完，懷孕能力的公審便正式升堂。

她吃了不少「勸生大隊」、「催生魔人」的關心苦藥，只是吃苦無法當吃補啊，幾句話就讓她感到人生瞬間好苦：

「你為什麼還不生？」

「你趕快去生一生！」

「你知不知道，老了就不能生？」

「你們夫妻品種這麼好，不生太可惜，快點生啦！」

庭鵑微笑面對這一切，卻吞不下這些悶氣，找我訴苦。

「你知道嗎？無論他們是關心，還是沒話找話聊，那每一句話對我來說都是千刀萬剮，是在逼死我。拜託你寫出來，跟大家說，請不要這樣對待身邊沒生小孩的人了，太痛苦了。」

功勞只有你記得，
老闆謝過就忘了

我們從小被教育關心別人要詢問，但有天你會知道：**有時候不問不是漠視，而是理解對方已經盡了力卻無能為力。**

體貼別人，需要多一點心眼。

有一次在醫院門口，有位老爺爺要搭計程車時，突然跌倒在地。眾人驚呼著趕過去幫忙，希望老人家先去急診看一下。老爺爺搖搖手，撐著虛弱的身體，靜默又努力地把自己的身體塞進計程車裡。

旁邊有位阿姨不斷大聲地說：「你的家人呢？哎喲！你都這樣老了，怎麼讓你一個人上醫院？你家人這樣不對啦！」

我邊幫忙扶老爺爺上車，邊示意熱心的阿姨別說了。

等車門關上，送走老人家後，阿姨繼續碎念說：「這樣不對啦！怎麼放他一個老人自己來！這些家人喔！」

我再也忍不住了，嗆阿姨說：「老爺爺如果有家人陪，早就會陪他了。就是沒人陪，他才會一個人來看醫生。你一直講一直講，只會讓老爺爺聽了更傷心。」

人生中無能為力的事情太多了，無言語的辛酸，多說、多問是無益的，只有平添傷心。

當生命中的困境有好消息時，當事人自然會大聲宣布，我們不要拚命去追問。

哪些事情不要拚命問呢？譬如：失業了，何時找到工作？多年苦讀，何時能考上公職？結婚多年，何時生子？單身多年，何時結婚？

這些事，你多問就多惹人厭。

在一旁靜靜等待好消息，就是最好的陪伴與祝福。

阿米托福

「體貼」是不問你的難處，靜靜地等待春暖花開的好消息。

功勞只有你記得，
老闆謝過就忘了

黃大米的人生相談室（四）

遇到難題了？
歡迎來坐坐！

Q 我在工作上已經小有成就，對很多職場上的鬥爭都能找到平衡點，唯獨「單身」這件事，在朋友們都紛紛結婚後，更覺得孤單。請問大米，我要如何自處與釋懷？

親愛的粉絲，我覺得「單身」這件事，是沒辦法釋懷的（登愣）。希望這個答案沒有嚇到大家。

因為你不想要單身，這件事就會懸而未決地卡住你。

重點不是單身，而是你不想要單身。

當你不想要一個狀態，又身處在那個狀態，你會想突破這個課題，很像工作上的待辦事項，你無法拿起紅筆，寫上「完成」二字，就無法過去與放下。

所以，核心的辦法有兩個：

一、你先問問自己：我要不要一直單身？

如果你覺得「我要單身」，那這個問題就結案了，因為這是你的選擇，而你正擁抱你的選擇。

如果你不想要單身，那就進入下一題。

二、我如何脫離單身？

（單身的我有資格回答這題嗎？但我還是要解答一下！）

會單身的人，條件不見得不好，畢竟滿街的阿貓、阿狗都結婚了，所以沒結婚的阿牛、阿虎，不是被淘汰，而是太追求真愛（登愣）。這個答案再度讓人傻眼，我懂。

功勞只有你記得，
老闆謝過就忘了

追求真愛沒有不對，但真愛是聽過的人多，看過的人少。

追求「真愛」和追求「感覺」的女生會很難嫁，因為「感覺」這個詞太抽象，別人很難幫你介紹對象。那些說想要嫁給有錢人、嫁入豪門的女生，都比想要嫁給「真愛」的女生容易結案。

如果你想要脫離單身，請先想想：你要什麼樣的人陪你走人生？甚至具體地列出來怎樣條件的人最適合。

沒有條件是最難的條件。請勇敢地開條件，公司徵才都會開條件了，更何況是你的人生伴侶。

一定要用力開條件，例如身高一百七、月薪超過五萬等等，非常具體的條件。

之後再四處請大家幫忙介紹，當你條件明確，大家就比較容易幫上忙。

這就像找工作一樣，你如果跟別人說：「請幫我找一份我喜歡的工作。」所有人都不知道你想要什麼。但如果你說：「請幫我找行銷相關的工作。」大家就會比較容易幫你介紹。

我昨天和朋友吃飯，她今年四十歲，積極地找對象，鎖定職業是工程師。由於台北地區的工程師比較少，她進攻工程師的產地——新竹，拚命參加新竹地區的聯誼，認識了一個小她七歲的男生。

大家都看衰這段姊弟戀，但兩人交往不久便結婚了（登愣）（登愣），跌破大家的眼鏡。

這個故事告訴我們什麼？

如果你在工作上這麼能幹，不如把愛情當作「擇偶專案」來進行，思考策略與解決辦法，這樣對於事業有成的你會比較容易。甚至寫出一份「求偶分析」、「找對象全攻略」也可以喔。

同場加映：如何釋懷單身期間的孤單、寂寞感？

解答是：

單身最大的問題就是時間太多，才會有奢侈的孤單和寂寞感覺。

你去問問那些忙著包尿布的媽媽，她們只想要好好睡一覺，小孩不要吵，老公不要出包。

但你的時間就是這樣多啊！怎麼辦呢？

在時間上，你還真是多到花不完。建議你多參加朋友聚會，一來，打發時間；二來，日子會熱熱鬧鬧；三來，聽聽已婚的朋友們碎念婚姻有多倒楣，你會突然覺得自己單身的日子過得還不錯。

如果時間還是很多，建議可以加入寫作的行列，把你的單身當題材，用力書寫，一不小

功勞只有你記得，
老闆謝過就忘了

心還可能變成作家。你看看宅女小紅，就是罵前男友罵出一片天。史上最強復仇系的前女友在罵男友系列文中，擁有了金銀財寶，是不是很勵志？

最後，想要跟你說，有一天你會從孤單、寂寞中，找到如何獨處的方法——這個方法說穿了，就是自己找事情做；或者，是習慣了這樣的生活方式，但什麼時候會習慣孤單這件事，因人而異。

寂寞這東西，永遠都會來。

也不是結婚就不會寂寞。婚姻裡面的寂寞，往往更可怕，不然鄧惠文老師寫的《婚內失戀》這本書怎麼會賣得這樣好。婚姻裡面的背叛與寂寞，才真的會讓人想去死。

你的痛苦對已婚的人來說，都很不痛不癢，因為他們的痛都是血流成河，還得強顏歡笑。最想殺的就是枕邊人，卻因故無法拿出虎頭鍘行刑而已。

單身的寂寞與婚姻的寂寞相比，真的是小巫見大巫，但如果你不想要單身的寂寞，就快點想辦法踏入婚姻，從小巫（屋）搬入大巫（屋），會非常空曠、涼爽到心寒喔。

總之，自己想要什麼，就去突破，去追求。至於得到之後是不是如自己想像的，到時候再說。

Q 你覺得一個人擁有什麼樣的特質，比較值得交往？

大部分的人在談戀愛的時候，都很願意為對方付出，覺得愛就是為她／他做了許多事情後，只要看到對方開心的笑容，就覺得一切都值得了。

但如果付出很多，對方被寵壞後表演得寸進尺與索求無度，那麼，再多的愛也會消磨。我們從來不怕付出，怕的是，付出被放水流與踐踏。

所以，挑交往對象，我認為最重要的是「同理心」。

一個有同理心的人，就能看到你的付出，以及知道背後的不容易，而不是把你的付出視為理所當然，一天到晚動嘴指揮你、遙控你做事，毫不心疼，把你當成可聲控的家事小精靈。

要怎樣觀察一個人有沒有同理心？不光是看他怎樣對你，還要看他怎樣對待朋友。

功勞只有你記得，
老闆謝過就忘了

熱戀中的一切，在荷爾蒙的催化下都是不正常的。但所有的熱情都會隨時間消退，每天在熱戀也很累的，因此，一日不見如隔三秋的渴望，逐漸會變成各自滑手機，靜默無言的日常。

當炙熱的愛降溫後，你們的相處就如同朋友。如果另一半對朋友向來有情有義，也比較不會在大禍來臨時拋下你。

每個人都希望找一個可以同甘共苦的人。而「同甘共苦」這四個字，著重的往往是「共苦」，因為「同甘」太容易了，紙醉金迷、吃喝玩樂，任誰都可以。但能不能「共苦」，才可以看出擇人的智慧與高下。一起共苦，需要有好人品和責任感。

許多人想找個人在人生路上幫忙遮風擋雨，卻沒想到這一生所有的風雨都因他／她而起。選伴侶最重要的，還是人格特質。對方窮困沒錢，尚有機會再賺，沒有良心卻很難補救，一如你對許多朋友很好，有些人會回饋你特別多，有些人則如同肉包子打狗般有去無回，連汪汪兩句都沒有。不是你有差別待遇，而是他的人品造成了這樣的差異。

所以找個懂得感謝、感恩的人，將來的問題會小一點。

第二重要的是，「看他為了你做什麼，而不是說了什麼」。

擅長說甜言蜜語的人特別討喜，常惹人心花怒放。

然而，對於有些人來說，嘴甜是一種策略，而不是真心。因為光靠嘴甜可以不做事，光靠嘴甜可以不送禮討歡心，戀愛談起來省錢，也省事——嘴甜，是這種人擺爛與不付出的障眼法。

但時間會讓他們現出原形，嘴甜如糖衣，禁不起生活上的考驗。柴米油鹽等開門七件事，每一樣都是扎實的戰場。無法一起分工的人，就是人生的拖油瓶。

俗話說，路遙知馬力，日久見人心，在愛情裡面說得多、做得少的人，早晚會把你氣死。相反地，嘴巴最不甜，卻肯事事幫你忙的人，會讓人安心與放心。

選一個笨嘴的人一起走人生路，才能越相處越甜，久處而回甘。

嘴笨的人吸引力比嘴甜的人低，需要識貨的人才懂得挑選。

但也因為嘴笨這個缺點，可以隔絕掉許多飛來的蝴蝶，你的愛情路，也不會突然有了十姊妹一起爭風吃醋。單純、專一是愛情存活的氧氣，人多了，就會缺氧窒息。

功勞只有你記得，
老闆謝過就忘了

Q 離婚的人越來越多，這一點，你怎麼看？

我覺得離婚率升高是好事，因為離婚的人多了，歧視離婚的情況就會少了。沒有任何人應該因為離婚而被歧視。結婚是一個選項，離婚也是。只能結婚，不能離婚的社會，是很可怕的，那種感覺很像〈結婚進行曲〉一直在演奏，已經歡樂不下去了，還得繼續跳舞、旋轉。

過去的時代，離婚率較低，但我不認為是人人婚姻都幸福美滿，這有特定社會背景。以往，女性在經濟上無法自主，加上社會的道德壓力，周邊的人都會說「忍一忍」，這種白頭到老，是一種日日夜夜的凌遲與磨心。

大部分的人，不是以離婚為前提而去結婚的。雖然我們這麼期待百年好合、有始有終，但一輩子這麼長，風雨這樣多，加上婚姻不只是兩個人的事情，結伴同行的路，每天都是考驗，突然走不下去，還挺容易的啊。

不然怎麼會有一堆人跳出來說婚姻要靠經營，婚姻如果那麼容易便水到渠成，就不需要經營了。

離婚是一件事情、一個狀態，它是中性的，沒有好壞。困住人的是「觀念」，而不是事情本身。那些加諸於人身上的社會壓力與文化緊箍咒，才是可怕的。

我從小連續劇看太多，童話故事也看太多，過去的愛情觀是初戀就該結婚，指腹為婚也很浪漫，認為一生只談一次戀愛是最美好的，所以我無法理解為什麼有人會談很多次戀愛。抱著這種白色純愛浪漫的我，走入感情世界後，當然是遍體鱗傷地死得很難看。

在我談第一場戀愛時，雙方交往時的爭執、個性的磨合、價值觀的不一致，都讓我深感錯愕。

言情小說裡的那種命中注定，一個眼神就確認彼此是前世姻緣，怎麼放到現實會愛錯人？可歌可泣的愛情，不是應該能化解任何難題嗎？甚至用愛可以發電，還可以哭倒長城，這才是真愛啊！

在童話故事裡，睡美人光是睡覺都可以得到真愛；灰姑娘的臭玻璃鞋，王子撿到後都不會想丟掉，還喜孜孜地尋覓，怎麼在現實生活中，全都走樣了？

太想要一次戀愛就結婚的我，當然在愛情裡摔得灰頭土臉。傷痕累累後才驚覺，初戀就結婚的傳奇、處女情節，都只是對女性的綑綁，用傳統觀念

功勞只有你記得，
老闆謝過就忘了

限縮女性的選擇權，把女生鎮壓在純潔的白色雷峰塔下，動彈不得。

可是這些早該廢棄的貞節牌坊，在這個時代，卻還在許多女生的思想中欣欣向榮。

我有個朋友透過介紹，認識了一位醫生。對方堅持要娶處女，她為了讓戀情順利開花結果，做了處女膜修補重建手術。可是在婚後，「醫療級」的處女膜對兩人和諧相處一點幫助也沒有。三年後，雙方分道揚鑣。

由這個小故事看出，兩人相處，個性與思想契合才是關鍵。過去的戀愛史僅供參考。不同的人，會擦出不同的火花，這也是愛情變化多端跟有趣的地方。

在童話世界中，王子和公主雙方的爸媽戲分不多。王子和公主的婚姻，沒有三姑六婆，王子和公主不用為了錢起口角，王子和公主不用煮菜、不用分擔家事……

所以才能過著幸福快樂的日子。

由此可看出，想要從此過著幸福快樂的日子有多不容易。

甚至以「王子配公主」的結合來看，雙方是很容易吵架的：一個有「王子病」的少爺和一個有「公主病」的小姐，他們需要的是僕人，可以照顧他們王子病跟公主病發作時的人。

所以王子和公主如果結了婚，離婚或者過得不開心的機率，應該是百分之九十九（默默看向英國王室）。

我們都渴望得到社會的認同，但不是每一種社會價值、文化習俗，我們都要遵守。盲目地遵守，只會被快速變化的社會價值耍得團團轉。

我們的社會太以和為貴，太追求圓滿，所以我們不擅長道別、不知道如何好好分手，更不會處理離婚，但我們可以先學會良性地看待，幫助別人減壓，也是在替自己減壓。

如果你問我：現在還會相信初戀就該結婚嗎？

我會說：人生該多談幾次戀愛，才會精采。

在人生這條路上，我後來對戀愛的態度是多多益善，不然我就沒有題材跟靈感了。多談戀愛有助事業發展，真是一舉兩得啊！

經過一些歲月的洗禮，你會沉澱出適合自己的價值，而不是大家的價值。

人生這條路，真的不用穿制服，走自己的路才會感覺舒適。

功勞只有你記得，
老闆謝過就忘了

5 今天最好

你現在多努力，將來就能多自由

無論你現在幾歲，都可能因為擔憂未來，而覺得自己「太老了」——這種老，我稱為「焦慮老」，那是對於現狀不滿的老，對未來迷惘的老，而非體態之老。

想跟你說，在你未來剩下的生命中，你今天最年輕。所以，趁著「今天」做點決定，讓明天的自己開心，讓未來的自己收成。

你不可能做出一個決定便可以得到一切，卻不失去什麼的。

人活著的這段日子，就像一個花瓶或者容器，想要新放進去什麼，總要捨得什麼、放下什麼。

你要有更好的工作，就得少點玩樂，多點努力。

你要陪小孩長大，就得放下需要加班的工作。

人生就是如此，有捨才有得。捨棄一些，才能放下新的，感情、工作都是如此。

什麼都不放棄，最可能一無所有。

什麼都不決定，往往最可怕。

伸頭是一刀，縮頭也是一刀。

你所受過的苦，有天會讓你笑著收成。

「別人的性命，是框金又包銀，阮的性命不值錢……」我跟多數人一樣，落土時就不是好命，老天爺讓我的八字裡金木水火土都有，唯獨家裡缺「錢」。

我小時候住在嘉義漁村時，媽媽開雜貨店。漁村的工作機會很少，當時爸爸去高雄找工作，等一切都穩妥後，我們舉家搬到高雄。

四歲大的我來到熱鬧的都市，沒有適應不良。對小孩來說，只要爸媽在，住在哪裡都好。倒是有段回憶令我印象很深刻：有一次，媽媽要帶我過馬路。她牽著我的手說：「等到都沒有車了，我們再過去。」但車子一直來，一直來，川流不息，我們等了很久很久……我和媽媽才知道這裡不比鄉下，馬路上永遠都會有車子，過馬路要靠紅綠燈，而紅綠燈在人口稀少的小漁村裡面，是不會出現的。

我的家鄉不僅沒有霓虹燈，連紅綠燈也沒有。

很多人都說我很機靈，很懂得生存之道，也很會看臉色。他們問我是怎麼辦到的。我的答案是：**「夠窮」就可以。**

「窮」是禮物，也是世間人情冷暖的照妖鏡，讓我早早看到人性勢利的一面，也讓我知道謀生不易。若想賺點錢，免不了得低聲下氣。

我們一家五口擠在租來的一間小雅房裡，房間就是客廳，客廳就是房間，一切生活都在這裡。

家裡沒有衣櫃。那要用什麼裝衣服呢？別擔心，菜市場收攤後，別人丟棄的裝水果紙箱是最佳選擇。

換季的時候，我們把裝夏裝的水果紙箱排到前面，用力把裝冬天衣服的紙箱往後堆。季節的輪替在箱子的推拉中完成。

功勞只有你記得，
老闆謝過就忘了

我和哥哥都有自己的衣服紙箱，挺方便的。紙箱用爛了？沒關係，到菜市場就可以再撿到全新紙箱。可惜當時還沒有流行寫開箱文，不然我雖然只有四歲，經過每天洗澡都要開紙箱拿衣服的練習，應該可以寫出不錯的開箱文。

年幼的我，對於物質的貧乏不會感到自卑。

一來，我媽媽個性很開朗，又很疼愛小孩，在情感上讓我們很富足。

二來，會住在我們這區的人都是中下階層，鄰居家家境也不寬裕，常常是爸爸在工地做粗工，媽媽在家做手工。

我們的世界裡沒有富人，左鄰右舍只有「窮」、「很窮」、「非常窮」這三個等級，所以也不覺得自己缺少了什麼。

一個人要能感知到家境窮，得透過比較。如果周圍的人都很窮，你會以為全世界的生活方式都這樣，也不以為苦。

爸爸在中鋼的一份薪水根本無法養活一家五口，因此，全家不分年紀大小，都得想辦法賺錢。

想吃飯，就要對家有貢獻。

我們全家總動員，一有空就做手工。念小學的兩個哥哥在假日去打掃有錢人家的房子賺點錢，掃地、潑水，好像也挺開心的。

有錢人家曾經對媽媽說：「你把孩子送給我們養，我們會好好對待他們兄弟倆。」

富有人家的善心收養，被爸媽拒絕了。但由此看來，我們家在別人眼中應該是挺苦哈哈的，不然怎麼會有人提出這樣的要求。

我很會「看人臉色」，別人眼神、口氣的轉變，我都能明察秋毫——這項才華跟我爸媽打零工時，很愛帶著我一起去有關。

當時，我爸爸很拚，週一到週六在中鋼上班，星期日去工地蓋房子，上班前的清晨五點去清水溝，深夜則去掃散場後的電影院。

從清晨五點到晚上十二點，都是爸媽的上班時間。他們不放心把我單獨放在家裡，每天清晨，我都跟著他們去清掃水溝。

看著爸媽把黑黑軟軟的淤泥挖上來，我覺得好有趣。臭味有種剛被挖開的新鮮味道，臭中帶香，對小孩很有吸引力。

每到月底，我們便一戶一戶地去收清水溝的工錢。

功勞只有你記得，
老闆謝過就忘了

收錢這件事很不容易，得看盡許多臉色。我們曾經在收錢時，站在門口等了好久好久；也曾經在收錢時，聽訓聽了好久好久。

我不曉得媽媽是抱著怎樣的心情去敲門收錢。大人的談話內容，我不太記得，倒是記住了每個月收錢時，媽媽常常在對方把門關起來後，碎念說：「已經掃得很乾淨了，還要怎樣？又不是沒掃。一個月才收一百塊，搖擺什麼！」

接著媽媽會對我說：「你要好好念書，以後就不用像這樣看人家臉色。」

可惜念書不是我的強項，倒是「看臉色」這點，我從四歲就開始練習了，長大後總能準確判讀別人的心意，因此人緣超好。班長、社長、學生會主席，能搞的名堂，我一樣沒少。經營人際關係才是我的強項，但這一點，考試不考，測不出我的天分。

俗話說「千金難買少年貧」。窮會讓你知道，人情如紙張張薄。窮會讓你感受，人性看高不看低。窮會讓你察覺到差別待遇，他人冷落你、瞧不起你、虧待你，都只是剛好而已。

而你人生最大的靠山就是自己。出狀況時，你無法回家討救兵，你要能自己解決問題。

「懂得看人臉色」以及「能自己解決問題」，是求生的的倚天劍和屠龍刀，擁有這兩項利器，就已經足夠走跳江湖。如果還能有一張漂亮的學歷當通行證，當然更好，就算沒有，日子也不會過得太差。

在職場上，就是比誰有解決公司或者老闆的問題的能力。而這種能力來自生活經驗，也來自對人情世故的練達。

過去我在人力銀行工作時，曾經秀出我的街頭智慧，讓許多同事都佩服。

每年的台大校園徵才，各家人力銀行都很重視，但校方為了避免商業化，禁止人力銀行進駐校園，我們只能在校門口做宣傳。

我的主管是個學霸，擁有國外名校的學歷，那一次由他統籌宣傳活動。

當天陽光燦爛，學生絡繹不絕，場面熱鬧，我的主管若有所思地喃喃著：「學生的手上都有一本手冊耶，我們要怎樣拿到啊？他們只給學生，我們都拿不到啊！怎麼辦啊……」

「你想要啊？真的想要嗎？」我問他。

「當然想啊！像是他們今年參展的企業有哪些、未來還有哪些活動，手冊上應該都會寫。」他邊解釋，目光邊追逐著學生手上的小冊子。

我對於他的一籌莫展感到不解。這件事有這麼困難嗎？

我穿過人群，走到前方的垃圾桶，伸手進垃圾桶，撈出了幾本，拿回去送給他。

看到心心念念的手冊突然出現，主管又驚又喜，忙問：「你是怎麼拿到的？」

功勞只有你記得，
老闆謝過就忘了

我唬弄他說：「是透過政府官員的斡旋、立委的居中協調以及校方有力人士的相助，才拿到的。」

因為聽起來太複雜，他完全不信，但當我老實說出是從垃圾桶撿的，也由於太簡單，讓他感到懷疑。

「真的，是在垃圾桶撿的啦！」我再次強調，並補充說明，「我們都當過學生啊，學生順手拿到這種東西，一定丟在垃圾桶啊，去垃圾桶找，一定有。這幾本給你。如果不夠，我再去撿幾本給你。」

這件事在公司傳開後，大家對於我的急智更加另眼相看了，覺得任何事情只要派我出馬，都可以搞定。

老天沒給我出生在富貴之門，卻給了我通往富貴的鑰匙。

能解決問題的人，到哪裡都受歡迎，到哪家公司都備受肯定。

「年幼家貧」除了讓我通透人性外，也養出好強、求勝的傲骨。活著只能靠自己，靠自己找機會、靠自己掙錢、靠自己解決問題，也靠自己得到好日子。

人生沒有永遠的一帆風順，你所受過的苦，有天都會成為你人生的養分，讓你笑著收成。

阿米托福

沒有人的人生是天天歌舞昇平、美好齊聚的。生活就是好好壞壞，有些小挑戰、小難關、小情緒，只要撐過去、闖過去，就會覺得喜悅，這才是真實人生。

因此當你把過度美好的一面呈現在臉書時，雖然獲取了不少讚，卻也給自己帶來莫大的壓力。別為難自己了，不要刻意營造美好了。我們都很平凡，讓我們擁抱真實的自己，內心才會平靜快樂。

你可以欺人，但無法欺騙自己。真實很好、平凡很好，別過度膨脹幸福，累了自己，辛苦了自己。

幸福是容易的，但想比別人幸福很難。讓自己心安理得，踏實過日，就很好。

功勞只有你記得，
老闆謝過就忘了

你的「生氣」值多少錢？

那是一次令人心痛的採訪。

大雨狂下，颱風來了，電視機裡的主播忙著接call-in，請各地民眾打電話進現場告訴大家當地的風雨狀況。

來自小林村的張先生打了進來，激動地說：「我住在小林村，我們這邊雨很大很大，很危險！快點來救我們啦！」聲音很急促、很焦急。

主播制式回應：「好的，謝謝小林村的張先生，我們會請相關單位了解一下。接著接聽的是屏東的陳先生，陳先生請說……」

天大地大的事情發生，前奏往往是尋常，沒人察覺高雄的小林村正面臨生死交關。颱風帶來的大雨讓一個村落，消失。

南台灣的災情太嚴重，全台灣的電視台都把記者往南部撤。主管召我去，「南部新聞中心請求支援，你明天帶兩個攝影下南部。公司還派了其他組記者，也是明天下去。」明快俐落的調度，決定了我的移動。

道路像被捏爛的蛋糕，推擠出驚人的高低落差，許多房屋被沖刷到河道上，歪斜堆疊，山河走樣。我和攝影大哥睜大了眼睛，屏息沉默著，攝影大哥先出聲說：「怎麼這麼慘！……」

對於前方未知的世界，我們有點膽懼。那會是怎樣的景況？還有人活著嗎？

我壓著情緒說：「先開到醫院，我們去看一下。開快一點，要趕上中午的新聞。」**再怕，也要前進。**

醫院裡，能躺人的地方都躺人了，每個角落都是急診。哀傷、奔跑、疼痛的哀號……沒有一刻寧靜。能來到這裡的人都是命大的倖存者，小林村遭滅村了，很多人在土堆裡，再也無法發聲。

醫院旁邊架設臨時殯儀館，生與死很近，卻是永隔。有位阿姨坐在棚架下空茫望著遠

功勞只有你記得，
老闆謝過就忘了

方，採訪是殘忍的事。「阿姨，你住在山上嗎？你還好嗎？」悲到深處，禁不起聞問，阿姨哭了起來，「我爸爸來不及……我們一直跑一直跑……土石流過來了……嗚嗚嗚嗚嗚……我媽媽、我的小孩都不見了……嗚嗚嗚嗚嗚……」不成句的言語字字揪心，家破、人亡就在一夜之間。

每天每天都在收集悲傷，採訪結束，身體萬分疲累，心靈也因接觸太多撕裂的創痛，沉重到讓我們在回程的路上都無語。回到了高雄市區，燈火通明的街道與幾公里外的天人永隔，宛如兩個世界。

再悲傷，日子總是要過。那天，我們到一家麵店吃飯，同事點了一碗四十五元的湯麵，結果送上來的卻是乾麵。

同事氣炸了，鬧著脾氣，對老闆娘說：「不是這個啦！我要的是湯麵，我不要吃乾麵！」氣氛很僵，老闆娘很尷尬，連忙賠不是說：「好好好，我去換。」

我不忍心地打圓場，跟老闆娘說：「乾麵就留下來我吃，再煮一碗湯麵就好。」湯麵來了，同事一直碎念這家麵店的不是，「怎麼連一碗麵都搞錯！」

同事是個很好的人，連日採訪災難新聞的疲累，激使他因小事而抓狂。我安撫著他，但是當時內心有個感觸：「**你的生氣就值四十五元。四十五元就能買走你的情緒，也太便宜了吧！**」

接著悵然地想著：「你剛剛還在感受人生無常，怎麼轉眼又困在這件小事情裡呢？能活著、能吃熱熱的麵，對災民來說根本是奢侈。」

歷事練心，心性的豁達，往往是大難不死後的禮物。看多了死亡，對「活著」就變得感恩，後來在公事上，我要發脾氣前都會想想：**這個「生氣」，價值多少錢？**

如果發現這只是一件花小錢就可以解決的事情，我會選擇花錢，而不是生氣，因為我不想要格局低到用銅板價就買走我的好心情。

許多高僧、大老闆，面對一些無理的情況是不太動怒的。他們笑笑地帶過，說聲「好好好」，就飄走了。因為他們知道自己的情緒穩定很重要，還有很多事情要等著自己去處理，不能因小事情而壞了大事。自己的情緒是很貴的，因此不輕易波動。

如果你的喜怒哀樂如雲霄飛車，九彎十八拐地高潮迭起，你的人生會如戲劇般艱難無比，折磨了別人，也艱難了自己。

小錢能解決難題，是無比划算的交易。

有天，我陪朋友去山上賞花，回程時叫了計程車來接。

功勞只有你記得，
老闆謝過就忘了

計程車在山上轉來轉去找了很久，都找不到我們，電話裡，他沒好氣地向我抱怨說：「你們在山上哪個地方啦？我都找不到！山上好多遊客跟我攔車，我都沒接，再找不到你們，我就要回去了。」

天微微下著雨，我的朋友是生病中的體弱長輩，禁不起雨淋，我很需要這輛計程車，不能讓他把我們丟包，天快黑了，再找計程車會更艱難。

計程車司機看似在抱怨，糾結之處是他覺得這趟生意「虧本」。

我急中生智，冷靜地跟司機說：「你現在就開始跳表，我付錢，沒關係。」

錢可以讓司機覺得好受、不吃虧，讓他願意上山來接我們這群老弱婦孺。

為了讓司機更快找到我們，我獨自跑下山，到了一間有門牌的民宅前，讓他可以定位。我對司機說：「我在××路某某號門口等你，你的GPS可以找到這裡吧？」

終於，他找到我了。我跳上車，他已經跳表一百七十元了。

他繼續碎念著說：「你們真的很難找！」

我必須讓司機心情好些，因為還要拜託他往更深山去接我的朋友們，所以我對他說：「你再往山上開，我等等還會加錢給你，拜託你往上開。」

順利回程，到了我們要去的餐廳。下車後，算一算那些多跳的表，我們總共給了他三百二十元。

三百二十元買到了司機先生的開心，也讓我們能快速抵達下一處景點。畢竟如果被丟包，我還得再等下一輛計程車，可能等到天黑都還沒下山，不僅後面的行程毀了，快樂出遊也會變成悲慘的一天。三百二十元花得很超值。

知道嗎？有一些小事情，往往花點小錢就能解決，且不會讓自己因此陷入危險。

例如：常聽到有人生氣地抱怨遇到計程車司機多跳表或者繞遠路。我的想法是：就給他吧！多跳的錶，很多時候也不過就是幾十塊。你的情緒就值這幾十元嗎？不要為了小錢，讓自己掉入雙方衝突的危險境地。

花點小錢解決掉問題，不是姑息養奸，而是知道自己的格局高、視野大，不需要困在這裡。千金之子，不死於盜賊，你有美好的未來，何必自入險境。

總之，**發脾氣前，想想這頓脾氣值多少錢。**

如果發現悶住自己的事情根本不值幾個錢，就別氣了。畢竟幾個銅板，連買一杯珍珠鮮奶茶都不夠，你又何必自貶身價呢？

功勞只有你記得，
老闆謝過就忘了

阿米托福

想要人生幸福，最大的關鍵點之一是「情緒穩定」。
巨嬰才會盡情哭鬧，成熟的人會想辦法解決問題。

所謂的大人，重要的評量基準是「你敢不敢談錢」。

住家附近早餐店的老闆娘和我熟得不得了，她一看到我，就會幫我準備無糖鮮奶茶。她知道我飲食無辣不歡，無論我點什麼主食，都會送來一大罐辣椒醬。我們相處得很愉快。有天，在我結帳時，她以撒嬌的語調拉長了音說：「大米～我跟你說一個祕密，你昨天走的時候忘了付錢，所以今天要連昨天的帳跟你一起算。」

我連忙說好，邊結帳，邊回想著昨天為什麼沒付錢……啊！我所有思緒都卡在要記得去超商繳帳單，壓根忘了付早餐錢。如果老闆娘沒提醒，我根本不會意識到她請了我一頓。

功勞只有你記得，
老闆謝過就忘了

很多時候我們不說、不提醒，就不會被別人想起。你記在心上的，無論是付出的或者被欠的債務，記得都要自己去討回來。你自己悶出了心病，對方卻渾然不知。這股悶氣綑綁了你，卻無濟於事。

一個人離開學校後開始就業，不算真的長大。**所謂的大人，我認為重要的評量基準是「你敢不敢談錢」**。

許多不敢談錢的人其實都是很把錢放在心上的，尤其遇到調薪開獎前，每日、每分、每秒都在朝思暮想：主管會幫我調薪嗎？會吧！應該會吧！我試用期間表現得這麼好，會調薪吧？

在電視台工作時，資深的我常常搭配最菜的攝影一起出去採訪，這是他們的第一份工作。在面試時，公司都會承諾他們等三個月一到，只要表現不差就給予調薪。

轉眼來到了第三個月，大部分的攝影內心都很煎熬，常常整天不斷碎念，四處向老鳥打聽公司過往調薪的慣例。

這齣內心戲演了一個月，就是不敢去問主管求個一翻兩瞪眼的答案，情願在第四個月去刷本子，看看薪水增加了沒有。如果薪水增加了，心中的石頭瞬間放下，鬆了一口氣；接著會拿這個月的薪水減去上個月的薪水，算一下調了多少。但萬一這個月請了假，就很難

所謂的大人，重要的評量基準是「你敢不敢談錢」。

估算到底調了多少錢，等到第五個月才算得出來……這不是很折騰嗎？

去開口問一問，不就得了嗎？

我遇過一個漢子攝影，他在第三個月將近月底時，就去詢問主管是否有幫他調薪以及調整多少。我問他怎麼這樣勇敢，他酷酷地說：「我就是出來賺錢的。主管面試時跟我講三個月後調薪，是在講假的嗎？如果講的是真的，那我去問一下也不會怎樣。」

果然，他得到明確的答案，薪水加了。主管也更知道這個年輕人誆不得，未來相處上甚至會對他更尊重一點，不敢給他亂開支票，因為他會問兌現日期。

很多時候，最該問的事情你往往最不敢問，因為你怕被拒絕。

人類不僅近鄉情怯、追愛情怯，近錢更是情怯——往往越是自己想要的，越手足無措。

但膽子是練習出來的啊！把妹高手、跳槽老鳥也不是天生就會，而是刻意練習的。

太少談錢，才會膽怯。你看看做生意的人或是業務，談起錢來臉不紅氣不喘，自然有機會得到。

在這個時代，要讓薪水往上爬，靠的可不是等待啊！除了自己敢爭取之外，還有這幾個重要因素。

功勞只有你記得，
老闆謝過就忘了

一、選擇比努力重要

分享一個我小時候讀了非常有感的故事：

戰國時代是群雄並起爭名奪利的時代。李斯有天走進廁所，看到廁所裡的老鼠非常瘦小，只能吃髒東西，每逢有人或狗走進來，更是慌張落跑。

而當他走進糧倉，見到糧倉中的老鼠吃著囤積如山的好米，一隻比一隻肥大，安逸到不害怕有人或狗接近驚擾。李斯忍不住感嘆：「一個人有出息還是沒出息，就如同老鼠一樣，是由自己所處的環境決定的。」

老鼠身形的肥瘦跟基因與新陳代謝無關，而是和身處的環境和位子有關，你出社會後選擇的產業，比你的能力更能影響你的薪水。再有才華、再能幹的人，假如放在夕陽產業，能得到的薪資也有限。

在媒體業，年薪要破百，得當上主管才有可能，而且要打敗眾多同儕才能拿到這樣的薪資水準。在服務業，就算當上主管也很難拿到百萬年薪。

但是在科技大廠，菜鳥工程師年資三年，薪水就可能破百萬。

能在某個領域冒出頭的人，能力與抗壓性無疑都是出眾的，然而，產業不同，薪水就會有這麼大的落差。因此如果想拿高薪，請留意每年媒體上的高薪產業報導，思考自己要補上哪些能力，才能進入該產業，從廁所裡面驚慌的小老鼠變成糧倉中的胖老鼠，享盡榮華富貴。

二、慎選跳槽的時間點

大部分的人因為想拿到年終獎金，都會等年後跳槽，習慣在十二月開始丟履歷，談年後上班。

但如果你對年終獎金不戀棧，對主管難以忍耐，又對跳槽、加薪萬分期待，我會建議你從十月分就開始丟履歷。

為何建議十月這個時間點呢？因為此時開出的缺往往是急缺，公司迫切需要增補人力，但此刻願意跳槽的人很少。你的競爭者少，公司又需才若渴，薪水的談判空間會比較大。求職市場上青黃不接的時期，正是讓你身價增值的好機會。

功勞只有你記得，
老闆謝過就忘了

另外，當產業中出現新的競爭者、新企業，由於他們需要挖角才能讓公司順利運作，給薪也會較大方。

過往媒體業只要有新媒體創立，都會出現一批人才大風吹的情況。已經坐穩位子者，對於舒適圈比較戀棧，傾向求穩；底下的人則因為尚未卡到好位子，跳槽損失不大，因而比較積極進取，往往這樣一跳，薪資比過去的主管還高。

有人會擔心：新產業夠不夠穩妥呢？

關於這一點，年輕人比較不需要太顧忌，因為年輕是本錢。就算新公司倒了，一來有資遣費可以領，二來薪水也已經墊高，薪資定錨在漂亮的數字，有利於接下來與新公司談薪水。

三、接下主管職

很多年輕人不愛接主管職，覺得加薪才沒幾千元，要承擔的責任卻變多、壓力變大，人又難管，所以拒絕接主管職務。

這些考量都沒錯，但沒思量到的部分是：**你唯有在舊公司當過主管，未來才容易在新公司也尋覓到主管職務。**

A公司的主管跳槽到B公司當主管，跟A公司的職員跳槽到B公司當職員，兩者的加薪幅度落差很大。

挖角職員的薪水是以千元為單位增加，挖角主管的薪水卻是以萬元起跳。

另外，每一項職務都有薪資上限。基層員工的薪資天花板很快就來到；主管職的薪資天花板則比較高，當你摸到天花板時，也代表你的薪水到了一定的優渥程度。

當主管還有一種隱藏的福利，就是：自由度增加了，上班時還有餘裕處理一些自己的事情。

我在電視台當記者時，早餐常常在採訪車上吃，午餐忙到沒空檔吃，用一杯珍珠奶茶就打發。更慘的是，阿貓、阿狗都能叫我做事情。

等到我當了主管，開完一大早的主管會議後，我可以在早餐店坐著吃早餐，午餐雖然還是因為太忙而吃不到，但下午會有一段空閒時間可以好好吃飯。

當主管後，敢叫我做事情的阿貓、阿狗少了，公文申請單遞上去，敢刁難我的人也少了。尊重和禮遇變多，只因我的頭銜變大了。

功勞只有你記得，
老闆謝過就忘了

當主管可以少看點臉色、多了點薪水，甚至連講笑話也比較多人微笑捧場。

當主管還有不可言明的好處是「自由度」，頭銜越高、薪水越多，做的事情越少，因為公司要你做的不是手腳活，而是當個大腦，好好下決策。

當主管確實辛苦，但以長期的職涯發展來看，我認為是值得的。

阿米托福

坦白說，以台灣目前的景氣，除非你在業務部門，否則當個上班族很難發大財。請你花個三分鐘思考一下：

- 你現在身處的產業，可以讓未來的你過著你想要的日子嗎？
- 你的職務的薪資天花板又大概是多少呢？你滿意嗎？

如果不滿意，不妨開始思考是不是該換個跑道，去拿到自己想要的未來。

聰明的主管懂得屬下要五毛，你卻給他一塊錢。

有首兒歌是這樣唱的：「三輪車跑得快，上面坐個老太太，要五毛給一塊，你說奇怪不奇怪？」

要五毛給一塊，不僅不奇怪，還可以讓部門的離職率降為全公司最低——這正是我朋友劉德華會做的事情。

喔，不是天王劉德華，他是「內湖劉德華」。無論如何，能以「我朋友劉德華」這六個字當開場，好拉風。

劉德華管理的單位是總務處，從買電燈到採購電腦，統統都是他的管區。天王劉德華忙

功勞只有你記得，
老闆謝過就忘了

著幫粉絲簽名時，內湖劉德華忙著在採購單和公文上落款。

最近他的部門缺人，開出了職缺。來應徵的新人寫的薪水期望值是兩萬八千元，劉德華直接給了三萬三。新人睜大了眼睛，立刻說自己隨時可以報到！

要五毛給一塊，是主管的用人小心機

「有沒有搞錯？多給五千！」

朋友們聚會時，大家聽了這個「人家只要五毛，你卻給他一塊」的故事，下巴掉了滿地，覺得不可思議。

「你這傢伙，腦袋壞了嗎？」

劉德華的腦袋可沒壞。他優雅地喝了一口珍珠奶茶，跟我們這些阿呆解釋。我幫大家整理成以下的重點。

一、薪水高一點點，跳槽率卻少很多

多給一點薪水，其實是主管的小心機策略。

聰明的主管懂得屬下要五毛，你卻給他一塊錢。

他說：「我如果給他兩萬八，和外面的行情差不多。兩年後，他被我訓練好、有經驗了，也就跳槽了，到時候我還要再找人、重新訓練。無止境的新人培訓地獄超煩人就算了，新人萬一出包，我也要扛，我自己該做的事情也會因此受耽誤。」

真有道理，屬下如果能幹，主管確實可以爽爽地過。

二、薪水比一比後，向心力更強

「薪水是機密，請勿談論」，印在薪資單上的警語根本是笑話，只要是人，就會做比較。

「我多給他五千，他會覺得自己進了好公司，而不是誤上賊船。和同學們比較薪水時，會覺得自己好幸運。每談論一次薪資，就加深一次對公司和我們部門的向心力。」

劉德華好懂人性，為他拍拍手。

三、薪水多五千，是幫新人評估了四年後的薪資情況

為什麼要幫新人評估他未來的薪水數字？

「第一，兩萬多的薪水，在台北很難活。」

劉德華喝了幾口珍珠奶茶，開始吃雞排，解說起來更加流暢。

功勞只有你記得，
老闆謝過就忘了

「第二點是未來若要調薪水，我必須重上簽呈，批不批准，還得看公司當年的獲利和大環境的景氣度，我何必賭這個風險，不如就一次給到位。」

他接著說：「三萬二的薪水，也能預防未來四年萬一公司不調薪，他拿的薪水也不會低於行情價格。他都待了四年，到時候去幫他爭取調薪，被核准的機率會高很多。」

劉德華任職的是傳統產業，公司員工大都是進入公司後，待到退休才離開。為什麼可以這樣？因為公司營運狀況好的時候，常常集體調薪，超低的離職率是用加薪換來的。

加薪，要加得讓人感覺良好

對比之下，接下來要說的故事就有點慘。

小月畢業後，就進了媒體業擔任資訊人員，領兩萬八的薪水。

三年過去了，薪資數字紋風不動。公司說大環境不好，沒賺錢，不調薪。

她不是個計較的人，看在公司規模大不會倒，貪圖工作穩定、特休假多，也就不怎麼計較。倒是主管看了不忍心，找更大的部門主管一起幫她爭取調薪。

最後薪水真的調了……多少呢？

五百元。

加薪五百元！這激怒了小月，她覺得自己的付出好不值。

「過去我不計較不代表我沒感覺。出動兩位主管，公司才肯幫我調薪水五百元，平均一天多給了我十六・六六六元，這是在羞辱我嗎？」

她丟了辭呈，跳槽到其他公司，薪水三萬五。新公司的主管還直說便宜，撿到了寶。

至於她的前東家，由於長年薪水不漲，員工只要在進公司時價格沒談高，日後也沒機會漲了。低薪之下，人員的流動率奇高，主管也哀號連連，天天都在培訓新人。

別以為給「香蕉」，有多受歡迎

文章開頭的〈三輪車〉兒歌，第一段的歌詞是要五毛給一塊，第二段的歌詞則是：「小猴子吱吱叫，肚子餓了不能叫，給香蕉牠不要，你說好笑不好笑？」

這段歌詞可說是許多大老闆的心聲，他們常常哀嘆公司找不到人，不知道原因在哪，覺得自己都給了香蕉，為什麼猴子還不來應徵呢？

功勞只有你記得，
老闆謝過就忘了

原因只有一個，就是大老闆們給的香蕉太少了，猴子會吃不飽。更何況老闆有豪宅可以住，猴子們還要租房子呢！

阿米托福

當你什麼都沒有時，你可以用委屈換點資歷。有天你翅膀硬了，真的無須忍耐不公平的對待，因為你已經拿完這家公司的資歷，可以到更珍惜你的地方，拿更好的待遇與更好的位子。

你的委屈，只有你記得，只有你在意。坦白說，大部分的人都沒把你放在心裡，也沒在聽你說什麼。很多主管或者承辦人員，都只覺得為什麼你不「乖乖」就好。此時，就別浪費力氣爭辯了，翅膀硬了的你，值得更好的對待，只要有實力，何必太忍耐。

請記住，對別人而言，你只是待辦事項。但對你而言，你是你生命裡唯一且最棒的主角，請善待自己。

不是故意不乖，只是不想跟著大家的腳步走。

在節目錄影前，和坐在隔壁的阿姨閒聊。六十多歲的她長得很像卡通《櫻桃小丸子》的媽媽，親切且樸實。

工作人員說阿姨是網紅，我打心底覺得有趣，開口詢問：「阿姨，你怎麼會想到要開始拍影片？」

阿姨靦腆地笑著說：「哎喲，都是我兒子教我的啦！他在當YouTuber，有幾次找我入鏡，說大家都很喜歡我哩，他就幫我和先生開了一個頻道。」

旁邊的人插話說：「阿姨，你兒子這麼紅，一年收入有三百萬吧！」

功勞只有你記得，
老闆謝過就忘了

聊到敏感的收入問題，阿姨笑開懷地說：「這個我不知道啦！他每天都在想劇本、想哏，要我別吵他。」

阿姨以兒子為榮的得意全在臉上。俗話說「一人得道，雞犬升天」，現在則是「一人當網紅，全家跟進當網紅」。兒子的職業選擇改變了爸媽的職業，非常有趣。

這幾年，行業興衰的轉變快，幾年前熱門的工作轉眼便沒落，而昔日冷門、不為人知的職業，卻突然成為當紅炸子雞。舉例來說，在五、六年前，誰會知道臉書小編、YouTuber、電競選手、網紅等等行業呢？

現在這些行業，不僅是年輕人熱愛的職業，也成為各大企業爭相合作的對象。但如果在十年前，你跟別人說將來想靠拍影片或者經營粉絲團維生，大家應該都會擔憂地質疑：

「你怎麼會有這種想法？」

「這樣可以養活自己嗎？」

「你要不要找個正經的工作做？」

由此可以看出，「工作」這個詞是活的，在不同時代，將長出不同的樣貌。

過去我們邁向成功的「鐵律」，對這個世代來說早已生鏽，不再適用，甚至對於「成功」也可能有新的詮釋。

舊世代認為的成功圖像，是在大企業擔任高階主管，高薪、忙碌、超長工時，以彰顯自己的不可或缺。

但對這個世代的年輕人來說，把生命全部貢獻給組織，不再是他們想要的。有更大比例的年輕人追求自我價值的彰顯。他們要能「掌控自己的人生」，而不是被決定、被挑選。他們熱衷追夢。

追夢的過程，他們不是不害怕，而是即便會怕，還是想放手一搏的勇敢。

這樣的潮流也反映在廣告上。

看到一個茶飲廣告的內容很有趣，裡面的年輕人做的「工作」都很超乎樣板，像是手工車改裝達人、旅遊體驗家、街頭表演藝術家等等，肯定年輕人做自己想做的事情，工作由自己來選擇與定義，工作的理想待遇則是樂趣與意義。

這家企業的廣告長期以來都以職場為主軸，從他們的廣告內容也可以看出世代價值的轉變。

昔日的職場生態是要上班族逆來順受。前輩與主管像是七月水鬼抓交替一樣，把不喜歡的工作、燙手任務往下丟。老闆的肯定比什麼都重要，老闆說讚，你便被大家點頭稱讚；

功勞只有你記得，
老闆謝過就忘了

老闆一遲疑，你立刻心臟怦怦跳，想著自己是否哪裡做錯了。老闆的情緒與表情是你的生死判官。

這種追求組織認同的職場，將一個人縮減成一個員工編號或分機號碼。

這沒有不對，只是有些人適合，但有些人真的無法接受。

現今很夯的新興職業則恰恰相反，越有個人特色越好，越怪越棒。**獨特不是異類，而是亮點與魅力。**

年輕人的夢想越來越多元，也超乎想像。我問了幾位大學畢業生未來想幹麼——你以為他們會一臉茫然？不，他們可是堅定而樂觀地述說著未來。

念運動科系的正妹說：「我要當飛輪教練。每次看到飛輪教練讓大家流汗，我就覺得好有亮光！」

另一位還沒畢業就在當直播主的同學，月收入破六位數，還輔導班上好幾個同學也跟進當直播主。

一個罹患漸凍症的畢業生對我說：「未來我打算四處演講，幫助大家了解漸凍症，減少社會對病患的歧視。」

這些夢想都讓人很感動，充滿了光與熱，絢爛而奪目。

對於逐夢而行的人來說，他們不是故意不乖，只是不想跟著大家的腳步走。他耳朵中聽到的鼓聲節奏和大家不同，於是他們只好跟隨內心的聲音，走自己的路。心中的熱情是生命內建的一具遙控器，日夜牽引魂魄，吸引他們廢寢忘食、不顧一切，卯起來往那一條人煙稀少的路走。他們是開山怪，要帶大家看到新的桃花源。

對他們來說，循規蹈矩地打卡上班不是安全，而是浪費生命，是巨大的壓力。看著時光一分一秒流逝，自己的身體卻被困在不喜歡的工作裡，是青春的耗損與折磨。

好工作與壞工作，每個時代都被重新定義。我爸爸僅國小畢業，從中鋼退休。我問他：

「當年你怎麼有辦法進去中鋼啊？」

爸爸說：「以前的時代，沒有人要去啊！只要去考試就會被錄取。」

可見在我爸年輕時，進中鋼工作並不威。如今中鋼被譽為高雄最火的工作，想要擠進去，難如登天。

既然我們無法料想未來的世界，不如力挺年輕人追求自己的夢想吧！那是一段試鞋的過程，有一天，年輕人會找到適合自己的鞋子，走好自己的人生路。

功勞只有你記得，
老闆謝過就忘了

阿米托福

年輕世代以夢為錨，信與趣得永生。身為前輩的我們，最好的關心就是放手給他們試試，讓不畏虎的初生之犢，帶我們看到新的世界。

你有勇氣順從內心的呼喚，重新設定人生嗎？

如果你頂著名校研究所畢業的學歷光環、外商工作的光鮮經歷，當內心開始對眼前的工作感到索然無味時，你是否有勇氣順從內心的呼喚，讓一切歸零，重新設定你的人生？

希望牙醫「賴容易」的真實故事，能給你掌握自己人生的勇氣。

在念台大之前，賴容易人如其名，人生過得很容易：念明星私立高中，成績名列前茅，念書對他來說容易得很。

說起來，他人生的失意是從進了台大開始。

功勞只有你記得，
老闆謝過就忘了

「台大是優等生吃優等生的世界，我則是在食物鏈的最底層。」

椰林大道的椰子樹像把利刃，一刀一刀地削掉他的自信。來自全台灣的考試高手，在這裡比劃大腦、寧靜又激烈的智商戰爭。

「上了大學後，我發現大人都在騙人。什麼考上大學，人生就有出路，你要什麼都有……這都是騙人的。你要的東西根本不會從天上掉下來。」

賴容易考上台大土木系後，從天上掉下來的並非有求必應、事事如意的聚寶盆，而是「挫折」。「我們班上有些人是考試怪物，不管老師怎麼考，都能考九十幾分。至於我，每次考卷發下來後，我只能寫好名字，再把題目抄三遍。」

「為什麼要把題目抄三遍？」我摸不著頭緒。

「因為看不懂題目啊！」他放大音量，委屈地訴說著當年的尷尬。「整張考卷我只會寫名字，但如果只寫名字，一分鐘就交卷了，這樣不太好吧……」

為了禮貌，也為了給自己留點顏面，他只好抄寫題目混時間，等時間差不多，就交卷。昔日的考試神童嘗到了墊底的滋味。

當了一輩子的優等生，念台大時卻差點被二一，「我以前覺得成績不好的人，一定是不努力，我不相信有拚命念書卻念不好這種事，來台大後我才知道，真的有『不會』跟『不懂』這種事。」要資優的他承認自己大腦不如人很難，只好用「很混」來掩蓋「很笨」。

「我每天七點半就出門，假裝去上課，卻是躲進師大附近的漫畫店，看到五點回家。我很早就體驗過中年失業不敢回家的心情，我是班上的邊緣人。」

「為什麼不去上課？」多簡單的問題。

「去了，也聽不懂。」多哀傷的答案。

痛苦了兩年，大三時，他竟突然開竅了。「土壤力學」這門課讓他找回成就感，他賣力暑修被當掉的學分，在老天保佑下，準時畢了業。

接著他天天苦讀，考上台大土木研究所榜首。沒有人相信他會是榜首，連他自己也不太相信。

畢業後，他進了日商，公司負責在幫台灣蓋高鐵。

「蓋高鐵耶！很好玩吧？你的工作內容是什麼？」我莫名地興奮起來。

「也沒什麼啊，公司要我畫圖我就畫圖，要我改圖我就改圖，要我吃大便，我就吃大便。」

這句回答聽起來像是沒有經過思索，卻藏著工作的真相。職場上，本來就是主管要我們幹麼，我們就去做。階層與食物鏈從學校來到了職場，人吃人、人指揮人的關係，還是沒變。

功勞只有你記得，
老闆謝過就忘了

學霸出了校園，身價卻沒有超車太多。

假設書念不好的魯蛇月薪三萬元，那他這個學霸的月薪是五萬，這多出來的兩萬塊，是給從幼稚園優秀到研究所，又乖又聰明寶寶的犒賞，似乎有點少、有點心酸。

「我的工作內容很無聊。鐵軌旁有小水溝，我負責水溝蓋的配筋，比如鋼筋要怎麼彎、放在什麼位子。我每天都在處理這些事情。」

「聽起來很專業啊。」我說。

他不置可否。「不過是公司裡的小螺絲釘，換誰來做都可以。那時我想著：我做這種工作，有誰會記得？有誰會得到幸福嗎？水溝蓋又不是非得用鋼筋製成，拿草蓆去蓋也可以啊。有人會知道有一個葫仔（台語），用他的青春在這邊畫圖嗎？」他故意用台灣國語的語氣，搞笑似的說著無奈。

日復一日是穩定，卻也是種難耐，端看你怎麼想。

當難耐到極點，生命就會自己找出路，而出路的亮光往往藏在不經意的小地方，勾住你的魂魄，讓你如聽見魔笛的聲音，不顧一切地去冒險。

賴容易生命的亮光，原來藏在醫院裡。

某次，他陪媽媽到醫院探望朋友，一旁等病床的人，正痛苦地哀哀叫著。他看著有那麼多人需要幫忙、需要治療、需要幸福，突然覺得「醫生」是一份很有意義的工作。

「我決定重考大學，去念醫學院！但我騙我媽說是要考公職。」他嘻嘻笑著說。

辭掉穩妥的工作，重考大學，這是一個賭注。「離職後，我每天都很茫然，常常問自己這樣是對的嗎？」

所謂「勇敢」不是不害怕，而是就算恐懼到發抖，也想這樣做。

重考的補習費很貴，要二十幾萬元。他沒有錢去補習，只能去重慶南路買參考書，自己念。念書的地點當然要挑不花錢的圖書館，從二月拚到六月。

媽媽始終被蒙在鼓裡，直到准考證寄到了家裡——某日他回到家，看到有封信放在桌上，信封被拆開了。

「誰拆的？這麼沒有禮貌。」他心想。

「你要去考大學喔？」媽媽語氣溫和地問。

「嘿啊，考考看。」越嚴重的事情，往往需要更淡定的語氣來掩蓋。

功勞只有你記得，
老闆謝過就忘了

媽媽沒有責備，只說出：「好啦，你想做什麼就去做。」有一種母愛叫做「你做什麼都支持」。

放榜後，賴容易考上了牙醫系，是班上年紀第二大的學生。

一學期的學費將近八萬，只能靠助學貸款。畢業時，他負債了一百多萬，生活費則靠家教。**圓夢的代價，別人往往看不到。**

如今的他已是一名資深的牙醫師，我問他：「當醫生開心嗎？是你當時想的那樣嗎？你過得好嗎？」

人性害怕改變，卻總想走捷徑，期待在別人的故事中，占卜自己的未來。

「面對患者，看到患者從不舒服變成很OK，讓我很有成就感。患者給了我許多很好的回饋，而在幫助別人之餘，我還得到不錯的薪水，很開心。」我看見他的眼中透出了好不容易才捉住的光亮。

賴容易的人生一路走來並不容易。他決定**歸零再出發，重新設定人生，靠的不是每天感嘆和後悔，而是以勇氣與行動力去修正過去的難堪與蒼白。**

只要你想重來，不管幾歲都可再出發。唯有「歸零」，才可以開創新局，請勇敢吃下這碗圓夢的「龜零膏」。

賴容易的圓夢「龜零膏」

一、分析情勢，決定賽局

想當醫生的方式有兩種：一種是考學士後西醫，一種是參加大學指考。

學士後西醫的名額少，報考者素質高。

相形之下，指考有一千多個名額，雖然有十一萬人報名，但真正強的競爭者並不多，因此他選擇參加指考。

他挑了一個有利於自己勝出的戰場。

二、設定目標，對自己下狠手

「我每天都設定了讀書進度，如果沒有達到，中午只能去超商吃便當，限定自己在十分鐘內吃完，不能浪費時間。若有達到目標，我就去餐廳吃飯。」賴容易說。

每天在圖書館從早上九點念書到晚上十點，沒有假日。

賴容易的重考必上心法：只許成功，不許失敗。

功勞只有你記得，
老闆謝過就忘了

三、不管別人的耳語，給自己一次機會

考上牙醫時，爸爸和奶奶都反對他去註冊，覺得土木研究所畢業的他，工作收入五萬多很不錯了，加上都畢業了這麼多年，這時候才換跑道，引來家人們的質疑：「這樣子，過去那些年不是都浪費了嗎？醫生的月收入有很高嗎？」

他不聽雜音，繼續往前走，不管是誰都無法阻止。他只想給自己一次機會，而對於過去的辛苦，他心甘情願。

「如果我沒有去重考，也許這輩子就一直在處理水溝上面的鋼筋。」賴容易的心情，一如美國詩人佛羅斯特的〈未走之路〉（The Road Not Taken）這首詩所描寫的：

在某個地方，在很久很久以後；
曾有兩條小路在樹林中分手，
我選了一條人跡稀少的行走，
結果後來的一切都截然不同。

阿米托福

恐懼是妨礙前進的心魔。

其實，只要開始，就會抵達。

功勞只有你記得，

老闆謝過就忘了

黃大米的人生相談室（五）

遇到難題了？
歡迎來坐坐！

Q 我遇到工作上的困難。公司要我去接一份我不擅長的工作內容，一想到這裡，心裡就亂糟糟。

我自己是不是在逃避該負的責任？明知這樣是不對的，但我不曉得該如何面對。

親愛的米粉，我懂你對於不擅長事物的恐懼。就算是我，每次接到新的任務，內心也是猛翻白眼，晚上會找朋友碎念很久。

我想請問你：

一、除了這份工作以外，你還有其他工作可以選擇嗎？你真的想放掉這份工作，去新的公司嗎？

二、不上手的事物，可以先做做看再說嗎？很多不上手的事情，久了就熟能生巧，時間會給你力量。先評估看看：如果做不好會怎麼樣？如果不會有太大的損失，就去玩玩看啊！真的做不來，再走也不遲，不是嗎？何必早早畫地自限。

我常常說，最難的從來不是事件的本身，而是未知與恐懼。有時候真的大喊一聲：「五、四、三、二、一，衝！」硬著頭皮去幹，你會發現根本沒那樣難。

請好好思考情勢，跟自己對話一下，也許你就會有答案跟力量。

坦白說，我也好討厭寫作，但想到寫作可以多賺錢，多賺錢可以買網拍商品，多買東西，我會很開心，就有了堅持下去的動力。

人生會在什麼地方開出燦爛的花，非常難說。請你多學習、多接觸不同領域的東西，會發現許多你不知道的自己。

功勞只有你記得，
老闆謝過就忘了

看看誤打誤撞成為作家且走得還不錯的黃大米，她這輩子從來沒想過要出書喔！

Q 何時可以去談加薪？

隨時。

缺錢的時候去談，最有動力了，人窮就可以激發最大的求生能力。

但你不能跟老闆哭窮，除非你是老闆的愛人，或者老闆是你爸爸，不然哭窮往往會讓人厭煩。

向老闆爭取加薪不用看黃道吉日，只要老闆當天心情好，就是農民曆上的宜開口要錢的好日子。

如果你不懂得看臉色，一定要懂得討好老闆的親信，隨時向他們打聽老闆今天的心情指數，請益問與答策略。

當你翅膀硬了，也有能力跳槽時，就可以去談談加薪。如果老闆拒絕你，至少你也知道自己不用傻傻地等加薪了。

有開口就有機會，會吵的孩子有糖吃，記得態度好一點就好。

Q 我住在屏東，在一家傳統產業公司上班。

我們老闆很有錢，每天都拖著一個裝著滿滿現金的皮箱上班，因為他身上沒有帶點錢，就感覺不舒服。老闆很大方，工作待遇很不錯，我每個月最少都可領到六萬元，甚至八萬也有過。我的年收入約一百萬。年終時，老闆還會額外包一份激勵獎金，大約十六萬，分送給同事。老闆喜歡給多少就給多少，沒規則。

但也因為這樣，公司的人事鬥爭很嚴重，大家都想紅。我因而感到壓力很大，曾經去找諮商心理師諮詢。工作壓力大到也曾經鬧離婚。

我三十七歲了，要再找到相同收入的工作應該很困難，但是又不想一直在這裡……大米，你可以給我一點方向嗎？

功勞只有你記得，
老闆謝過就忘了

在屏東要找到待遇這麼好的工作很難。你們公司的鬥爭，來自同事們都想當最紅的人，你陷入了「非第一不可」的競賽。

我想跟你分享，當初我在電視台工作時，大家的鬥爭超激烈。我身處在一堆長得很漂亮的說謊女鬼中，人緣卻超好。你知道為什麼嗎？因為她們都想要當主播，而我不要，我棄守！為什麼棄守呢？因為我的外表只是中上，加上英文又差，想把這兩大劣勢補到和天生麗質的她們一樣，太難了啊！

於是，我改走好好跑新聞的路。我走了穩紮穩打的路線，與她們毫無競爭關係，因此，大家都挺喜歡我的。

看到這裡，不知道你是否懂了？

什麼樣的人最討喜？就是不具威脅性的人。

在電視台盤絲洞中，我和蜘蛛精們都挺要好的，後來薪水也沒領得比她們少，而她們憂心自己年老色衰的部分，我也不太懂，畢竟我走的是內涵與實力（挺胸）。

所以，你只要不想當公司最紅的，只當個第二名的普通咖，且樂於幫助別人，同事就會感覺到你的善意，你就比較不會被鬥爭。以你們公司的情況，第二名就算分紅少一點，待遇應該也比外面的公司好。

這就是「不爭之爭」，第一名死得快，第二名活得久。職場之路是長跑，急著衝太快，只會惹來禍端。

寫了這麼多，其實就是：人人都會有盲點，退一步，海闊天空。

阿米托福，上大下米法師告退。

功勞只有你記得，

老闆謝過就忘了

再難的問題，時間都會解決。

那些不容易……

大米跋／

距離我上一本書，已經兩年多了。第一本書暢銷後，我天真又欣喜地想要乘勝追擊，卻被生活的巨變，輾壓到無能為力。這些變化好好壞壞都有，但好好寫稿突然變得很難，造成出版日期不斷地延後。

這段日子，我最深的感觸是「禍福相依」。第一篇網路文章受歡迎後，我迎來網友的攻擊。第一本書銷售開紅盤後，我得到主管酸言、好友斷交：「你書賣這樣好，你現在不一樣了，不上班也有錢了。」「我不管，你要想辦法把我的書賣得跟你的一樣好。」「我找不到出版社願意幫我出書，你居然還可以挑。」「你必須在『大米』和公司的職位中，做出選擇。你造成我管理上的困難。」「不要怪我，要怪就怪你太紅了。」

我選擇拋下公司職位，選了「黃大米」。

功勞只有你記得，
老闆謝過就忘了

工作再找就好，「黃大米」是我的小孩，我會如同每個有責任感的媽媽一樣，不會丟下剛滿一歲、稍會站立的孩子。「黃大米」的生與死在我一念之間，我要她好好長大，好好活下去。

這些風風雨雨，讓我心靈無法寧靜。我意識到我的讀者或許也正面臨職場上被打壓、被逼退、被好友背叛的種種險境，我身為一個寫作的人，我最重要的責任不是炫耀自己多高大上，日子過多爽，而是讓同樣也受過苦的靈魂，可以透過我的文字得到撫慰。

那段日子，我日日夜夜在粉絲團寫下我的痛苦，讓粉絲們更懂得職場的運行道理。在波濤洶湧的情緒下，我寫下我的不容易，讓更多曾經受苦或者止在受苦的粉絲得到力量，知道自己不孤單，明白一切難關都會過去，不用自己嚇自己，不要被恐懼吞噬。

活著就能翻盤，活著就能否極泰來。

我們都知道不論多強大的颱風，都會有遠離的一天。生命無法四季如春，但總能盼到陽光燦爛時。我現在很好。因為有你們的支持，不夠完美的我，更有勇氣用最真實的樣貌活著。未來，我的人生依舊會喜悲交織，我會繼續在粉絲團寫下我的悲傷與快樂，用真誠的文字與你們共度每一天。

也希望當你閱讀完這本書，或者日後再次翻閱這本書時，能給你新的啟發，讓你的人生看到亮光。

國家圖書館預行編目資料

功勞只有你記得，老闆謝過就忘了——化打擊為祝福的30個命運翻轉明燈／黃大米著. --初版. --臺北市：寶瓶文化，2020.5,
面；公分. --(Vision；195)
ISBN 978-986-406-188-4(平裝)
1.職場成功法 2.生活指導
494.35　　109004214

Vision 195

功勞只有你記得，老闆謝過就忘了

── 化打擊為祝福的30個命運翻轉明燈

作者／黃大米
企劃編輯／丁慧瑋

發行人／張寶琴
社長兼總編輯／朱亞君
副總編輯／張純玲
編輯／林婕伃
美術主編／林慧雯
校對／丁慧瑋・張純玲・劉素芬・黃大米
營銷部主任／林歆婕　業務專員／林裕翔　企劃專員／李祉萱
財務主任／歐素琪
出版者／寶瓶文化事業股份有限公司
地址／台北市110信義區基隆路一段180號8樓
電話／(02)27494988　傳真／(02)27495072
郵政劃撥／19446403　寶瓶文化事業股份有限公司
印刷廠／世和印製企業有限公司
總經銷／大和書報圖書股份有限公司　電話／(02)89902588
地址／新北市新莊區五工五路2號　傳真／(02)22997900
E-mail／aquarius@udngroup.com

著作完成日期／二〇二〇年二月
初版一刷日期／二〇二〇年五月五日
初版十九刷日期／二〇二二年四月十四日
ISBN／978-986-406-188-4
定價／三二〇元

AQUARIUS 寶瓶 文化事業

愛書人卡

感謝您熱心的為我們填寫，
對您的意見，我們會認真的加以參考，
希望寶瓶文化推出的每一本書，都能得到您的肯定與永遠的支持。

系列：Vision 195　**書名：功勞只有你記得，老闆謝過就忘了**

1.姓名：＿＿＿＿＿＿＿＿　性別：□男　□女

2.生日：＿＿＿年＿＿＿月＿＿＿日

3.教育程度：□大學以上　□大學　□專科　□高中、高職　□高中職以下

4.職業：＿＿＿＿＿＿＿

5.聯絡地址：＿＿＿＿＿＿＿＿＿＿＿＿＿＿＿＿＿＿＿＿

聯絡電話：＿＿＿＿＿＿＿＿　手機：＿＿＿＿＿＿＿＿

6.E-mail信箱：＿＿＿＿＿＿＿＿＿＿＿＿＿＿

□同意　□不同意　免費獲得寶瓶文化叢書訊息

7.購買日期：＿＿＿年＿＿＿月＿＿＿日

8.您得知本書的管道：□報紙／雜誌　□電視／電台　□親友介紹　□逛書店　□網路
□傳單／海報　□廣告　□其他

9.您在哪裡買到本書：□書店，店名＿＿＿＿＿　□劃撥　□現場活動　□贈書
□網路購書，網站名稱：＿＿＿＿＿＿　□其他＿＿＿＿＿

10.對本書的建議：（請填代號　1.滿意　2.尚可　3.再改進，請提供意見）

內容：＿＿＿＿＿＿＿＿＿＿＿＿

封面：＿＿＿＿＿＿＿＿＿＿＿＿

編排：＿＿＿＿＿＿＿＿＿＿＿＿

其他：＿＿＿＿＿＿＿＿＿＿＿＿

綜合意見：＿＿＿＿＿＿＿＿＿＿＿＿＿＿＿＿＿＿＿＿＿＿＿＿

11.希望我們未來出版哪一類的書籍：＿＿＿＿＿＿＿＿＿＿＿＿＿＿

讓文字與書寫的聲音大鳴大放

寶瓶文化事業股份有限公司

（請沿此虛線剪下）

廣告回函
北區郵政管理局登記
證北台字15345號
免貼郵票

寶瓶文化事業股份有限公司 收

110台北市信義區基隆路一段180號8樓
8F,180 KEELUNG RD.,SEC.1,
TAIPEI.(110)TAIWAN R.O.C.

（請沿虛線對折後寄回，或傳真至02-27495072。謝謝）